艺术与设计系列

SOFT DECORATION
& FURNISHINGS DESIGN

软装
与陈设设计

唐 茜 主编
陈彦彤 米 锐 参编

中国电力出版社
CHINA ELECTRIC POWER PRESS

内 容 提 要

软装设计与室内设计、建筑设计等学科有密切的关系。本书从室内软装设计的概念入手，详细讲解了室内软装设计的内涵、发展史、风格、颜色与家具的搭配、设计流程等，让读者对室内软装设计有一个全面的认识。本书不仅讲解理论知识，而且对室内软装设计的实际案例也从多个角度进行了分析，既有理论指导性，又有实践的针对性，重在求新、求精、求全，具有较强的实用性。本书既可以作为高等院校的教学教材，也可以作为装饰装修软装从业者的学习指导用书。

图书在版编目（CIP）数据

艺术与设计系列：软装与陈设设计／唐茜主编． —北京：中国电力出版社，2020.3
ISBN 978-7-5198-4030-3

Ⅰ.①艺… Ⅱ.①唐… Ⅲ.①室内装饰设计 Ⅳ.①TU238.2

中国版本图书馆CIP数据核字（2019）第253368号

出版发行：中国电力出版社
地　　址：北京市东城区北京站西街19号（邮政编码100005）
网　　址：http://www.cepp.sgcc.com.cn
责任编辑：王　倩　乐　苑（010-63412380）
责任校对：于　唯
责任印制：杨晓东

印　　刷：北京瑞禾彩色印刷有限公司
版　　次：2020年3月第一版
印　　次：2020年3月北京第一次印刷
开　　本：889毫米×1194毫米　16开本
印　　张：9
字　　数：283千字
定　　价：58.00元

前 言
PREFACE

　　随着人们生活水平的提高，现代人更加注重精神层面的需求，软装设计就是人们对美的追求的反映。软装是一种情怀，是一种美。软装是一种专注，来源于热爱，来源于生活，是每个人生活的一部分。现代软装设计的市场非常广阔，已逐渐发展成为建筑及环境设计中不可或缺的一部分。在不久的将来，软装设计甚至有可能超越硬装设计，成为环境设计中最重要的环节。

　　软装设计是室内设计的再创造。想成为一名合格的软装设计师，不仅要了解多种多样的软装设计风格，还要培养一定的色彩美学等修养，对品类繁多的软装饰品元素更要了解其搭配法则。如果仅有空泛的理论，而没有专业的实操，软装设计也只能停留在表面。

　　软装指的是室内空间中可以移动、更换的饰品，如窗帘、靠垫、地毯、装饰画、灯具、工艺品及绿植等。装修完毕后，我们可以利用这些可移动的饰品对空间进行进一步的装饰，又称为室内设计的二度陈列。硬装指的是对整个建筑结构的确定，以及从设计上考虑的进一步处理，也就是我们常见的对墙体、地面、天花等的装饰处理。软装与硬装的区别之一是人们根据装修的顺序来分的，软装常是在硬装结束后才开始进行的。事实上，现在想要完全地区分开软装与硬装越来越不容易，因为随着各类科技的发展，装修建材上出现了越来越多"硬"材料与"软"材料相结合的新产品，在进行家居设计时，甚至会将硬装饰材料与软装饰材料相互交换使用，这常常会出现另一种装饰效果，让家居充满亮点。

　　软装设计注重对环境空间的美感提升，注重空间的风格化、体现独特的个性化。在环境设计中，软装饰越来越被重视，甚至在某些单个环境空间的装饰中，软装饰的造价比例已经超过硬装修的造价比例了。"轻装修、重装饰"已是装修业界的主流趋势。"轻装修、重装饰"的理念在国外已有了多年的历史，并被证实是科学的，属于合理的家庭装修理念。"轻装修"并非不重视装修，更不是偷工减料、以次充好，而是避免装修过度，堆砌产品。"重装饰"意味着追求以装饰的手法增加装修中的多变性、灵活性，营造一个人性化、个性化的生活空间。

　　本书在编写时得到了广大同事、同学的帮助，如袁倩、万丹、汤留泉、董豪鹏、曾庆平、杨清、万阳、张慧娟、彭尚刚、黄溜、张达、童蒙、柯玲玲、李文琪、金露、张泽安、湛慧、万财荣、杨小云、吴翰、董雪、丁嘉慧、黄缘、刘洪宇、张风涛、杜颖辉、肖洁茜、谭俊洁、程明、彭子宜、李紫瑶、王灵毓、李婧妤、张伟东、聂雨洁、于晓萱、宋秀芳、蔡铭、毛颖、任瑜景、闫永祥、吕静、赵银洁，在此表示感谢。

　　本书配有课件文件，可通过邮箱designviz@163.com获取。

编者

目 录
CONTENTS

第一章

室内软装设计概述

识读难度：★★☆☆☆

核心概念：软装设计、陈设设计、软装市场、国际潮流

章节导读：软装即软装修、软装饰。软装设计所涉及的软装产品包括家具、灯饰、窗帘、地毯、挂画、花艺、饰品、绿植等。根据风格定制和客户喜好对软装产品进行设计与整合，最终按照一定的设计风格和效果对空间进行软装工程施工，最终使得整个空间和谐温馨。

第一节 了解软装设计

软装是相对于建筑本身的结构空间提出来的，是建筑视觉空间的延伸和发展。软装对现代环境空间设计起到了烘托环境气氛、创造环境意境、丰富空间层次、强化室内环境风格、调节环境色彩等作用，因而毋庸置疑地成为室内设计过程中画龙点睛的部分。

一、什么是软装设计

在环境设计中，室内建筑设计可以称为"硬装设计"，而陈设艺术设计可以称为"软装设计"。"硬装"是建筑本身延续到室内的一种空间结构的规划设计，可以简单理解为一切室内不能移动的装饰工程；而"软装"可以理解为一切室内陈列的可以移动的装饰物品，包括家具、灯具、布艺、花艺、陶艺、摆饰、挂件、装饰画等。"软装"一词是近几年来业内约定成俗的一种说法，其实更为精确的说法应该叫作"陈设"。陈设是指在某个特定空间内家具、配饰等软装饰元素通过一定的设计手法将所要表达的空间意境呈现出来（图1-1～图1-4）。

二、什么是陈设设计

陈设可称为摆设、装饰，俗称"软装饰"。陈设可理解为摆设品、装饰品，也可理解为对物品的陈列、摆设布置、装饰。陈设品是指用来美化或强化环境视觉效果的、具有观赏价值或文化意义的物品。换一种角度说，只有当一件物品既具有观赏价值、文化意义，又具备被摆设

图1-1 ｜ 图1-2
图1-3 ｜ 图1-4

图1-1 硬装
图片中的墙体、地板及梁柱均属于硬装范围，它们不可移动，有其固定的结构。

图1-2 软装花卉
花瓶和鲜花是可以移动的，随着主人的爱好和兴趣可以做着相应的改变，属于软装范围。

图1-3 布艺
布艺集装饰性与实用性为一体，包含了多个方面，被套与床单及抱枕均属于软装范畴。

图1-4 装饰画
装饰画搭配因不同人的性格而千变万化，随着季节的改变也可做出相应的调整，属于软装范畴。

（或陈设、陈列）的观赏条件时，该物品才能称为陈设品。就陈设品的概念而言，它包括室外陈设品和室内陈设品两部分内容。近年来人们对室外陈设品都称之为"小品"，故通常提到的陈设品都指室内陈设品（图1-5~图1-7）。

陈设品的内容丰富。从广义上讲，环境空间中，除了围护空间的建筑界面及建筑构件外，一切实用或非实用的可供观赏和陈列的物品，都可以作为陈设品。根据陈设品的性质分类，陈设品可分为四大类。

1. 纯观赏性的物品

主要包括艺术品、部分高档工艺品等。纯观赏性物品不具备使用功能，仅作为观赏用，它们或具有审美和装饰的作用，或具有文化和历史的意义。

2. 实用性与观赏性为一体的物品

主要包括家具、家电、器皿、织物等。这类陈设品既有特定的实用价值，又有良好的装饰效果（图1-8~图1-11）。

图1-5 绿植与花卉

绿植与花卉符合陈设的观赏条件，用于装饰室外庭院或者道路，属于室外陈设品。

图1-6 散装实木雕刻摆件

该类散装实木雕刻摆件，散发着北欧的风格韵味，无论是单独摆放或是组合摆放都能为室内增添趣味气息，属于室内陈设品。

图1-7 多样的植物种类

绿植能够美化和强化环境视觉效果，根据不同的室内风格可选择不同的植物种类。

图1-5	图1-6
图1-7	

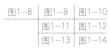

图1-8	图1-9	图1-10
	图1-11	图1-12
	图1-13	图1-14

图1-8 艺术品

该类艺术品具有文化意义，只能作为观赏用，不具备使用功能，但能增添主人的文化艺术魅力。

图1-9 沙发抱枕

色彩缤纷的沙发抱枕令人如沐春风，柔软的布料带给人亲切温和的感受，既具备实用性又具备观赏性。

图1-10 家具

在选择家具的过程中，实用性应大于其装饰性，当然有很多家具两者兼备，挑选自己喜爱的即可，同时注意尺寸是否符合。

图1-11 家电

现代许多家电超越了以往家电的功能，在满足了基本功能之时，也使得家电的样式更加丰富和靓丽。

图1-12 红灯754系收音机

红灯754系收音机曾是上海无线电二厂的普及型机种，属于便携式收音机。使用三节一号电池为整机供电，选用0.1m口径的喇叭，声音优美而饱满。

独立的收音机在当代社会已渐渐退出了历史舞台，然而古老的物品因其质朴的特征成为许多人的收藏品，寄托着怀旧的情感，随着时间的沉淀，其使用功能发生了改变，而审美价值得到了提升。

图1-13 啤酒瓶盖

许多人在喝完啤酒或者饮料之后，瓶盖便失去了它的价值，但许多拥有创新意识的手工业者们将它们聚集到一起，根据其颜色或者造型拼成了具有艺术感的画作，装饰在家中，别有风味。

图1-14 旧报纸

报纸上的信息阅览完毕后，报纸的价值也随之而去，但报纸的纸质具有复古特色，泛黄的报纸可以折叠或者粘贴成各类小件，摆放在家中，增添了室内的艺术感。

3. 因时间发生功能改变的物品

一般指那些原先仅有使用功能的物品，但随着时间的推移或地域的变迁，这些物品的使用功能已丧失，同时它们的审美和文化的价值得到了升值，因此而成为珍贵的陈设品。如远古时代的器皿、服饰，甚至建筑构件等，又如异国他乡的普通物品，都可以成为极有意义的陈设品（图1-12）。

4. 经过艺术处理后的物品

这类物品可分两类：一类是原先仅有使用功能的物品，将它们按照形式美的法则进行组织构图，就可以构成优美的装饰图案；另一类是那些既无观赏性，又没有使用价值的物品，经过艺术加工、组织、布置后，也可以成为很好的陈设品（图1-13、图1-14）。

三、软装设计的优势

软装应用于环境空间设计中，不仅可以给居住者视觉上的美好享受，也可以让人感觉到温馨、舒适。

图1-15 米黄色调

米黄色调软装表现温馨浪漫的风格。

图1-16 白蓝相间

白蓝相间的色调软装表现简约舒适的风格。

图1-17 白灰色系

白灰色系的结合，彰显气质简约风，适合年轻群体。

图1-18 咖啡厅

咖啡厅是人们在工作间隙用来放松的地方，因此整体风格适合简洁清新，不必过于累赘。

图1-19 餐厅

餐厅是人们在忙碌之后聚会或就餐的地方，需要运用较为适当的颜色以激起人们的食欲。

图1-15	图1-16	图1-17
	图1-18	图1-19

1. 表现环境风格

环境空间的整体风格除了靠前期的硬装来塑造之外，后期的软装布置也非常重要，因为软装配饰素材本身的造型、色彩、图案、质感均具有一定的风格特征，对环境风格可以起到更好的表现作用（图1-15～图1-17）。

2. 营造环境氛围

软装设计对于渲染空间环境的气氛，具有巨大的作用。不同的软装设计可以造就不同的室内环境氛围，例如，欢快热烈的喜庆气氛、深沉凝重的庄严气氛，给人留下不同的印象（图1-18、图1-19、表1-1）。

表1-1 三类常用餐厅色调及氛围效果

色系	说　明	图　片
红色系	红色是一个非常喜庆、热情的色彩，红色风格的餐厅能够让人焕发活力，很多中式风格的餐厅都特别喜欢使用红色系	

色系	说　明	图　片
绿色系	绿色是一种特别清新明快的色彩，能够带来不一样的舒适感，在餐厅中搭配一些绿色的家具，也特别亮眼	
黄色系	黄色是一种特别有活力的色彩，能够带来别样的温馨感觉，因此如果想要营造素雅一些的餐厅气氛，可以考虑黄色系的餐厅色彩	

★ 补充要点

色系的运用

色系并不是所有的软装饰品都要应用一种颜色，也可以采取单色点缀的形式，避免颜色过于厚重给人带来视觉疲劳。例如，红色系餐厅，可以选择一盏红色的灯具，其他家具选择与红色搭配的颜色，但一定要突出色系重点。

3. 调节环境色彩

在现代环境设计中，软装饰品占据的面积比较大。在很多空间里，家具占的面积大多超过了40%，其他如窗帘、床罩、装饰画等饰品的颜色，对整个空间的色调形成也起到很大的装饰作用（图1-20）。

图1-20 原木色家居

原木色家居能很好地诠释返璞归真的情调。卧室尽量选择颜色较浅的原木色家具，浅原木色调的家具清淡温馨，更代表一种简约的情调。

原木色和白色搭配最容易上手。白色能突出原木家具本身崇尚自然、清新宜人的风格，保证装修整体简洁明亮。

图1-21 清丽的绿色

清丽的绿色适合春季，给人生机勃勃的感觉，每天都会令人充满动力。

图1-22 洁净的白色

轻盈的纱织窗帘，随着微风缓缓飘动，洁净的白色给人以清凉感并让人内心平静。

图1-23 厚重的窗帘

厚重的窗帘适合冬季的保暖需求，暖色调的应用，令人心生暖意。

图1-24 铁丝工艺品

铁丝经过艺术的处理，被弯曲成不同大小的圆圈，并做成壁挂，十分有趣，坚硬的铁与暖光的结合别有风味。

图1-25 镂空陶瓷花瓶

镂空陶瓷花瓶给人一种通透感，外壁的花瓣形状与鲜花呼应，将花瓶与花艺融汇一体。

图1-26 中国风宫灯

木质的中国风宫灯配以暖黄色的灯光，令人仿佛回到了那个年代，古朴的材质，给人以亲切感。

图1-21	图1-22	图1-23
图1-24	图1-25	图1-26

4. 随心变换装饰风格

软装另一个作用是能够让环境空间随时跟上潮流，随心所欲地改变家居风格，随时拥有一个全新的风格。例如，可以根据心情和四季的变化，随时调整布艺，夏天换上轻盈飘逸的冷色调窗帘，换上清爽的床品、浅色的沙发套等，这时室内就立刻显得凉爽起来（图1-21～图1-23）。

★ 小贴士

软装陈设与环境设计的关系

软装陈设设计与环境设计是一种相辅相成的枝叶与大树的关系，不可强制分开。只要有设计的环境，就会有软装陈设设计的内容，只是多与少、优与劣的区别。只要是属于软装陈设设计的门类，必然在环境设计的范围中，只是与环境是否谐调的问题。但有时在某种特殊情况下，或因时代形势发展的需求，软装陈设设计参与环境设计的要素较多，形成了以软装陈设为主的设计环境。

第二节　软装设计的多样化

一、按材料分类

软装饰品种类繁多，使用的材料种类也繁多，如花艺、绿色植物、布艺品、铁艺品、木艺品、陶瓷品、玻璃品、石制品、玉制品、骨制品、印刷品、塑料制品等，都属于传统材料（图1-24～图1-29）。而玻璃钢制品、贝壳制品和金属制品等，都属于新型材料。

图1-27 水果造型陶瓷

陶瓷做成菠萝的造型，颜色各异，摆放在家中趣味十足。

图1-28 动物造型摆件

羊毛织成的小羊摆件，萌萌的造型煞是惹人喜爱。

图1-29 铁艺造型摆件

铁艺摆件的抽象造型给人一种现代风的感觉，简约气质。

图1-30 油画

精美的油画一般价值较高，若是出自名人之手，更是价值不菲，名画也属于奢侈品。

图1-31 小型雕刻作品

小型雕刻作品放置于桌案或是柜中，能很好地体现出主人品位，其精美工艺需要细细地感受。

图1-32 粉红色蒲苇

花艺能够很好地改善室内软装氛围，粉红色的超大蒲苇一定是许多少女的大爱，其柔软飘逸的形态令人无法抗拒。

图1-33 梳妆台

梳妆台是卧室中必不可少的一件家具，其具备储藏修饰功能，也具有很强的观赏性。

图1-34 餐具

餐具是我们日常都会接触到的物品，热爱生活的主妇一定会有一套心仪的餐具，无论是从花色还是形状上，都符合其审美要求，精美的餐具也能增添食物的魅力。

图1-35 挂衣架

挂衣架要比衣柜灵活得多，也轻巧得多，日常挂些小包、衣物都很方便，现代晾衣架的造型各异，随着功能的要求而变化，但总体来说很富有观赏性。

图1-36 动物造型台灯

动物造型的台灯很适合儿童房摆设，奇趣的造型结合温暖的灯光，能在夜晚带给孩子慰藉。

图1-37 抱枕

抱枕的功能丰富，可以枕着、抱着、甚至坐着，就算不使用，摆放着也能点缀沙发的美。

图1-38 鸭子形状的储物罐

鸭子形状的储藏器，造型虽夸张，但其储藏空间却一点都不小，放置东西也充满了趣味。

图1-27	图1-28	图1-29
图1-30	图1-31	图1-32
图1-33	图1-34	图1-35
图1-36	图1-37	图1-38

二、按功能性分类

装饰性陈设品主要是指具有观赏性的软装陈设，如雕塑、绘画、纪念品等，此类装饰品有一部分属于奢侈品范畴，不是每个消费者都会选择，但是一旦选择正确，便能大大提高室内空间的艺术品位（图1-30～图1-32）。

功能性陈设品是指具有一定实用价值并具有观赏性的软装陈设，大到家电、家具，小到餐具、衣架、灯具、织物、器皿等，此类软装陈设放在环境空间中，不仅实用，也具有装饰效果（图1-33～图1-38）。

图1-39 瓷器

瓷器的保值与升值价值较高，尤其是古玩类，其精美的造型和存世的稀少都使得升值空间较大。摆放在家中能彰显一种尊贵的气质。

图1-40 相框

普通的相框是没有保值价值的，属于非增值装饰品。相框能够使照片摆放在家中，不受灰尘的影响，一副精美的相框能让照片成为一副精美的装饰画。

图1-41 禅意花瓶

瓷器花瓶的造型具有浓厚的禅意，现在许多人都追求这种宁静的感受。花瓶外部绘有立体的竹叶，其握把也是竹节的样式，十分巧妙，配以简单的枯枝更显得祥和。

图1-42 孙悟空摆件

孙悟空是许多人心目中的英雄，其造型令人印象深刻，以此制作的摆件，非常适合年轻人的品位。

图1-43 星星吊灯

星星造型的吊灯，在夜晚搭配暖黄色的灯光，能够给人梦幻的感觉，但数量要多，无论是列成排还是随意的组合，视觉效果都非常强。

图1-44 捕梦网

捕梦网是许多女孩子心中的首选，飘逸的羽毛，梦幻的颜色，结合暖暖的灯光，给人以梦幻感。

图1-45 风铃

此款手工风铃带有清新文艺气息，简约中透出一种淡雅别致。风，悠悠吹过，风铃，飘飘如歌，荡起层层悠韵。

图1-39	图1-40
图1-41	图1-42
图1-43	图1-44	图1-45

三、按收藏价值分类

有增值价值的陈设品，如字画、古玩等，是具有一定工艺技巧和有升值空间的工艺品、艺术品。其他无法升值的则属于非增值装饰品，例如普通花瓶、相框、时尚摆件等（图1-39、图1-40）。

四、按摆放位置分类

这里主要是指摆件，如雕塑、铁艺、铜艺、不锈钢雕塑、不锈钢制品、石雕、铜雕、玻璃钢制品、树脂制品、玻璃制品、陶瓷制品、瓷制品、黑陶制品、陶制品、红陶制品、白陶制品、吹瓶制品、脱蜡琉璃、水晶制品、黑水晶、木雕、花艺等都属于这一系列。摆件的造型有瓶、炉、壶、如意、花瓶、花卉、人物、瑞兽、山水、玉盒、鼎、笔筒、茶具、佛像等。而挂件主要包括挂画、插画、照片墙、相框、漆画、壁画、装饰画、油画等（图1-41~图1-45）。

第三节　软装设计现状

一、背景

软装饰艺术发源于现代欧洲，又称为装饰派艺术。它兴起于20世纪20年代，随着历史的发展和社会的不断进步，在新技术蓬勃发展的背景下，人们的审美意识不断发展，装饰意识也日益增强。经过十余年的发展，于20世纪30年代形成了软装饰艺术（图1-46、图1-47）。

软装饰艺术的装饰图案一般呈几何形，或是由具象形式演化而成，所用材料丰富且贵重，除天然原料外，也采用一些人造物质。其装饰的典型主题有动物、太阳等，借鉴了美洲印第安人、埃及人和早期的古典主义艺术，体现出自然的启迪。出于各种原因，软装饰艺术在第二次世界大战时不再流行，但从20世纪60年代后期开始再次引起人们的重视，并得以复兴。现阶段软装饰已经达到了比较成熟的阶段（表1-2）。

图1-46 软装装饰

图1-47 现代简约家具

现代简约家具强调功能性设计，线条简约流畅，色彩对比强烈。大量使用钢化玻璃、不锈钢等新型材料作为辅材，也是现代风格家具的常见装饰手法，能给人带来前卫、不受拘束的感觉。

图1-46 ｜ 图1-47

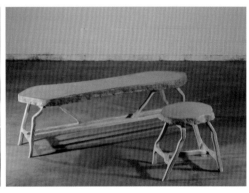

表1-2　　　　　　　　　　可爱的动物造型软装饰品

猫头鹰	考拉	斑点狗	小猫

软装历来就是人们生活的一部分，它是生活的艺术。在古代，人们已懂得用鲜花和壁画等来装饰房屋，用不同的装饰品来表现不同场合的氛围，现代人更加注重用不同风格的家具，饰品和布艺来表现自己独特的品位和生活情调。随着经济全球化的发展，物质的极大丰富带给人们琳琅满目的商品和更多的选择，怎么样的搭配更谐调，更高雅，更能彰显居者的品位，成为一门艺术，于是诞生了软装装饰行业。

二、当今状况

在个性化与人性化设计理念日益深入人心的今天，人自身价值的回归成为关注的焦点。要创造出理想的室内环境，就必须处理好软装饰。从满足用户的心理需求出发，根据社会和文化背景，以及社会地位等不同条件，满足每个消费者群的不同的消费需求，设计出属于个人理想的软装饰空间。只有针对不同的消费群体做深入研究，才能创造出个性化的室内软装饰；只有把人放在首位，以人为本，才能使设计更加人性化。作为一个软装设计师，要以居住的人为主体，结合环境空间的总体风格，充分利用不同装饰物所呈现出的不同性格特点和文化内涵，使单纯、枯燥、静态的室内空间变成丰富、充满情趣、动态的空间（图1-48、图1-49）。

目前国内软装设计主要项目包括：中高档住宅、别墅、房地产样板间、高档展示厅、高档商品店面陈列、家居类产品展会布置与店面设计等。从地域分布来看，国内的软装设计师与设计机构主要分布在北京、上海、广州、深圳等经济相对发达的城市（图1-50、图1-51）。

随着软装设计的普及以及新观念的迅速传播，中国正孕育着巨大的软装市场，以及家居饰品行业的消费潜力，这也是下一个会被追逐的创业蓝海之一。在国外，软装配饰概念已经十分普及，一般不用市场的引导，消费者都会在一年四季更换家具搭配，营造不同的感受。正是因为欧美国家行业体系已经成熟，并且在过去50年来积累了大量行业经验，因而都可为国内要涉足此行业的人士及企业提供参考。随着我国设计行业的加速推进，软装设计与空间设计的距离必然会渐渐拉近，并最终合为一体（图1-52、图1-53）。

图1-48	图1-49
图1-50	图1-51
图1-52	图1-53

图1-48 奇趣元素

巨幅人像装饰画、人像雕塑、镂空的灯具，这些奇趣的元素、前卫的创意，使得室内空间变得不再沉闷。

图1-49 酒店装饰

酒店的装饰更应遵循以人为本的原则，要使人们住得舒适放松，尽量为顾客考虑周到。

图1-50 别墅软装设计

别墅的软装设计相对较为复杂，一是面积大，二是功能全面，三是装饰的精美程度。在装饰搭配上需要根据空间的具体形状来规划，还要考虑居室主人的爱好与习性，体现其品位。

图1-51 样板间

样板间是对商品房的一个包装，也是用户对装修效果的一个参照物，更是一个楼盘的脸面，一个好的样板间的软装设计，能够直接影响房子的销售情况。

图1-52 欧式风格家具

近几年，欧式风格家具已成为越来越多追求品位生活人士的选择。欧式风格家具可分为欧式古典家具、欧式新古典家具、欧式田园家具、简约欧式家具四种。

图1-53 日式风格家具

为了充分体现天然材质之美，日式家具常选用竹、木、藤等作为家具材质。木造部分也只是单纯地刳出木料的轮回，再加以装饰，利用了木质的天然感，给人以一种干净、素雅的感觉。

★ 小贴士

别墅软装设计技巧

1. 从装修风格上来搭配软装

家居饰品要先找出大致的风格与色调，依着这个统一基调来布置就不容易出错。

2. 从功能性来搭配软装

软装搭配从功能性上来看主要可以分成三类：一类以实用为目的；二类以观赏性、装饰性为目的；三类为以上两者的综合。在进行软装搭配设计时，要将各个部分有机地整合起来，形成一个统一的整体。

3. 从颜色的选择来搭配软装

在进行软装搭配设计时，不得不考虑的一个问题就是颜色，一般的家装设计原则就是一个房间不要使用超过三种颜色，而白色可以说是百搭色。对于软装的颜色，要注意空间里色调的变化。

4. 从小的家居饰品来搭配软装

摆饰、抱枕、桌巾、小挂饰等中小型饰品是最容易上手布置的单品，入门者可以从这些先着手，再慢慢扩散到大型的家具陈设。小的家居饰品往往会成为视觉的焦点，更能体现主人的兴趣和爱好。

图1-54 │ 图1-55 │ 图1-56

图1-54 木质谷仓门

图1-55 鲜活的亮橘色谷仓门

图1-56 高颜值的谷仓门

谷仓门的优点多得数不胜数，如高颜值、节省空间、风格不受限制、适用于多种空间、选择性也很多。缺点是私密性较差、隔声性较差。同时目前还没有在国内市场上普及，购买渠道大多是网购为主。

第四节　国际时尚潮流发展

一、谷仓门

起源于美式农场的谷仓移门，现在已摇身一变成了网红家居宠儿，无论是在别墅，还是经济适用的小户型，都能见到谷仓门的身影。谷仓门，就是"导轨外置的推拉门"。谷仓门的门型多样，基本没有风格限制，所以无论是怎样的装修风格，美式乡村或现代简约，再或者是奢华时尚，都可以使用谷仓门，为整体家装填上画龙点睛的一笔。除了常见的原木色、白色，在家装设计时不妨大胆地采用亮色的谷仓门，来提亮整体空间，凸显活泼个性（图1-54～图1-56）。

图1-57 中国风印花壁纸

中国风印花壁纸能轻松地营造出复古的氛围，有一种曲径通幽的安逸感，让家居风格清新而独具韵味。

图1-58 大花图案

大花图案是最为方便搭配的一种墙壁装饰。硕大的图案将春天的感觉无限放大，令人更清晰地感受那种身临其境的美感。

图1-59 纯色花瓶

墙纸的应用使得墙面夺人眼球，在装饰物的选择上，避免再选择那些极具设计元素的装饰品，推荐纯色带有造型设计感的花瓶。

图1-57 ｜ 图1-58 ｜ 图1-59

二、田园碎花风壁纸

春季是个美好的季节，想要将春季的浪漫和唯美留下，不妨尝试田园碎花风壁纸。田园风是营造户外感最好的风格之一，看似复杂的碎花图案会让居室整体风格看起来柔和素雅，巧妙地融入到周围的整体风格中。

在选择的时候最好是选择淡雅的颜色，一般淡色系能够营造出春日里阳光明媚的感觉，从视觉上会给人清新的感觉。这种壁纸比较适合用于卧室。多而不杂的印花图案可以令人精神上得到很好的放松，更有助于入眠。选择了这种碎花墙纸后，家具装饰最好是选择纯色来搭配，会对视觉上有辅助的作用（图1-57～图1-59）。

三、Ins风格家居

Ins是指一款叫Instagram的应用，用户可以在上面分享自己的照片。近几年来已逐渐形成了特有的风格，淘宝上关于Ins的摄影工具备受年轻人的欢迎，大家对这种清新、自然、复古、有格调的风格很追捧，也延伸出了Ins风格的家居（表1-3）。

表1-3 Ins风格家居常用单品

绿植花艺	灯具灯饰	挂件摆件	布艺

| 绿植花艺 | 灯具灯饰 | 挂件摆件 | 布艺 |

对于这种新风格，很多人都会误以为它属于"性冷淡风"，然而并非如此。Ins风格最主要的核心是简约，无论是从家居设计还是整体色系的搭配上，都以简约风格为主。另外，除了极简的风格之外，在装饰上Ins风还会运用到现代家居的一些元素，像是北欧风装饰、绿植等元素。总之，Ins风就是集合了北欧风＋现代风＋DIY＋复古风等于一身的综合体（图1-60～图1-62）。

四、珊瑚色家居

火热的时尚珊瑚色，大肆席卷到美妆、服饰潮流中，就连家居也一样波及。珊瑚色是近年流行的家居调色盘，相比太艳的红色，太嫩的粉色，珊瑚色四季皆宜可选搭，清新却也依旧热情。运用珊瑚色，给家一片明亮的色调，心情似乎也开朗起来。珊瑚色是作为橙色、红色、粉红色、浅橙色和铁锈色的复色，凭借其先天具有天鹅绒般的视觉质感，家居也容易看起来更明亮，暖色也更显亲和力。如果家中深色家居较多，不如选择珊瑚色作为家居色彩。在冷冷的灰色中，加入珊瑚色，梦幻和温暖感便应运而生（图1-63～图1-65）。

| 图1-60 | 图1-61 | 图1-62 |
| 图1-63 | 图1-64 | 图1-65 |

图1-60 白色的墙面

Ins家居风比较简约，但少不了装饰物的衬托。白色的墙面需要装饰性的设计来进行点缀。

图1-61 木质的座椅

木质的座椅是有效调节整体氛围的利器，不过最好是选择布艺与木质相结合的座椅设计。

图1-62 原木材料

想要营造出清新简约的家居风格，少不了原木材料，这种浅色系的原木材质很容易营造出柔和的舒适感。

图1-63 珊瑚色的家具

珊瑚色的家具同样出彩，不管是作为储物柜、电视柜或者只是小小的矮凳，这抹颜色也能发挥其耀眼的作用。

图1-64 珊瑚色的木门

珊瑚色的木门作为点睛色，含蓄优雅却更耐人寻味，可以轻松点亮家原本暗淡的角落，使空间更具生机与个性。

图1-65 珊瑚色系的窗帘

珊瑚色系的窗帘，使空间充满温暖气息。

图1-66 美人鱼砖

（a）颜色清爽的白色厨房，非常适合蓝色的加入，加上美人鱼瓷砖，立刻有了海洋的气息，为装饰简单的厨房增添了更多的画面感。

（b）浴室是最适合这种瓷砖的地方，因为美人鱼瓷砖本来就具有海洋气息，和与水相关的浴室最为搭调。可将淋浴间的一面墙铺成蓝色的海洋，也可用于装饰浴室的墙面或地面，都是非常好的选择。

图1-67 装饰瓷砖

图1-68 藤编灯饰

藤编灯饰是最简单的一种对自然渴望的表达，这种设计不光能照明，更像是为你照亮家中的一片净土，营造出简洁自然的气息。保留藤条的原色加上一些简单的配件搭配就形成了这些灯具，古朴且温馨。

图1-69 藤蔓草木地毯

藤蔓草木相互交错让地毯的质地很坚韧，弹性比较好，透气性也很强。可以轻松地营造出东南亚的复古风格。

图1-70 藤椅

藤椅子通常都拥有宽大的外形，坐稳后这种宽松感会让人觉得很舒适。灵活度极高的藤编设计可以轻松搭配家具风格。

图1-71 藤蔓茶几

藤蔓茶几很适合简约和色彩鲜明的家居设计，搭配布艺的沙发能够让整体风格变得温馨而又轻松，素雅的藤编茶几尽显自然情怀。

图1-66		
图1-67		
图1-68	图1-69	图1-70	图1-71

（a）厨房　　　　　　　　　（b）浴室

（a）　　　　　　　　（b）　　　　　　　　（c）

五、美人鱼砖

如今家居的装饰越来越追求个性化，各种不同的装饰方式不断出现，让人们有更多的选择，人们可以根据自己的喜好装饰房子。美人鱼瓷砖的独特造型与复古肌理常能捕获很多人的目光，这些鳞片状的瓷砖已经成为一种新流行，越来越多的人选择这种瓷砖装饰自己的房子（图1-66）。这是一种非常微妙的装饰瓷砖，它可以低调，也可以非常高调，只要适当地利用，就能为空间的装饰起到事半功倍的效果（图1-67）。

六、藤编设计

无论是时装界还是家居设计，田园风都是备受人们喜爱的一种风格，特别是在春、夏季，藤编设计更是清爽风格的标志。早在还没有空调冷气的年代，藤编工艺便是春、夏季节里的首选设计，那种清新自然的风格能够在炎热的季节给人带来丝丝清凉（图1-68～图1-73）。

七、褶皱设计

2019年最新的室内设计趋势中，充满线性主义意味的"褶皱"设计排在了软装设计趋势的首位。作为时尚流行设计趋势的经典元素之一，褶皱设计在时尚、艺术、软装等诸多领域有着出色的表现，主要应用于墙面的设计，可作为餐厅、卧室或主客厅的背景墙，也可以作为家具本身使用，通过垂直的图案或纹理装饰出时尚且有设计感的家（图1-74～图1-80）。

图1-72 柔和的灯光

藤编灯的外表和精细的工艺让人领略到它的美。除此之外，打开灯，那种斑驳的隐约美同样令人赏心悦目。这样的光晕轻松地为家居设计营造出了温馨感，而柔和的灯光也能舒缓疲惫的神经，让人一入家门打开灯，就能缓释一整天工作的压力。

图1-73 柔和明快的氛围

对于藤蔓灯的搭配，除了熟知的中式风格之外，美式复古风也十分受用。柔和明快的氛围搭配着红棕色实木的装饰设计，强大的厚重感全部凸显出来，让整个客厅内充斥着美式的空旷和不羁。

图1-74 垂直的褶皱背景墙

简约风似乎从来都不会过时，垂直的褶皱背景墙将大面积的色块完整分割，整体视觉效果更加流畅，又不夺主体物的装饰光芒。

图1-75 静谧、舒适的空间氛围

垂直的纹理在巧妙的灯光设计下，呈现出完整又不失变化的光影效果，烘托出静谧、舒适的空间氛围。

图1-76 延展空间

或横向或纵向的褶皱让空间得以延展，视觉效果更具连贯性。

图1-72	图1-73
图1-74	
图1-75	图1-76

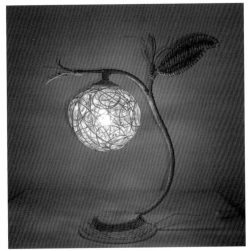

图1-77 韵律感

对韵律感的要求，是室内设计艺术感所在。褶皱肌理与平滑肌理相间的装饰设计，让空间富有韵律感。

图1-78 整洁的视觉效果

简约、整洁的视觉效果是设计洗漱空间的要领所在，褶皱的应用往往可以通过韵律形式以及整洁的视觉效果表现出来。

图1-79 垂直褶皱效果家具

充满垂直褶皱效果的家具比想象中更加百搭，并具有设计形式感。

图1-80 高级感

竖直的流线型，给人优雅和高级的感受，同时还能结合多种材质或色彩，让装修风格更多样。

图1-81 办公空间软装

图1-77	图1-78	图1-79
图1-80		
图1-81		

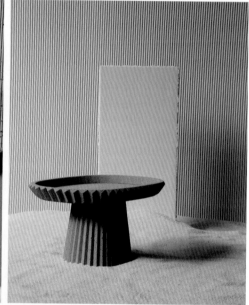

前台接待区装修设计应该考虑到合理性问题，合理划分行动区域，尽量能够引导来访者直接走进接待室。

接待区设置的数量、规格要根据企业公共关系活动的实际情况而定。接待区的布置要干净美观大方，可摆放一些企业标志物和绿色植物及鲜花。

第五节　案例解析——高冷气质感空间

办公空间因其用于工作的性质，常常给人高冷的感觉，显得严肃认真，但恰恰是这样的氛围给人们展现了更严谨的工作态度。办公空间软装是指对办公空间整体的规划、装饰。在符合该办公行业特点、使用要求和工作性质的前提下，可以对办公空间做出不同装饰设计。一般办公空间设计分为会议室、经理办公室、前台区域和开放办公空间（图1-81~图1-86）。

图1-82 会议室

会议室一般是指供开会用的空间场地，同时又是放置会议电话设备的场所，因此会议室的设计合理性，决定了会议电视图像的观看效果，也直接影响着开会的效率。

图1-83 经理办公室

在办公室装修软装当中经理办公室设计是相当重要的，一个好的经理办公室软装水平能充分地反映出企业的发展与经营情况。

图1-84 茶水间

茶水间是装修的一部分，它是属于员工轻松自在的空间范围。需设计出轻松自在的格调，让整个空间的设计显得随意、自然。

椅子选择以简单大方为主，椅子的靠背较低，略显舒服；墙的装饰和地面的铺设活泼大方，使人放松身心。

图1-85 矮隔断式的家具

现在许多办公室装修采用矮隔断式的家具，它可以将数个办公桌以隔断方式相连，形成一个小组，在布局中将这些小组以直排或斜排的方式来巧妙地组合，使其设计在变化中达到合理的要求。

图1-86 花卉和植物

花卉和植物是设计中不可或缺的要素。在办公室软装设计中，可以在自己座位附近摆放与周围环境搭配的花卉和植物，让所有靠近的人都有好心情，办公效率大大提高。

图1-82	图1-83
图1-84	图1-85
	图1-86

高冷的氛围空间，并不意味着人情的冷漠，而是彰显着生活的精致程度，客厅的软装设计搭配就好比是一个人身上所穿的衣服，要想达到吸引人的目的，就必须对软装的装饰进行合理的搭配（图1-87～图1-89）。

图1-87 客厅家具

图1-88 餐桌椅

餐桌的材质与客厅茶几相同，但椅子的搭配采用了明黄色，亮色的出现并不突兀，而是与灯饰和谐统一，互相呼应。

图1-89 花瓶

花瓶略显禅意，白色利落的瓶身搭配简易低调的干花，符合整体软装饰的简约风格。

图1-87
图1-88 │ 图1-89

淡雅的色彩，统一的风格基调能让室内更显宽阔。由于受空间的局限，异类的色块都会破坏整体的柔和与温馨。

沙发选择了灰色系，搭配淡淡的抹茶绿抱枕，用白色抱枕点缀其间，增添了空间活力。

杏色木纹茶几与地面墙面的搭配相得益彰，透露出简约清新的气息。

本章小结：

随着时代的不断发展，软装饰走入了人们的生活。软装饰可以根据空间的大小和形状、人们的生活习惯、兴趣爱好和各自的经济情况，从整体上综合策划装饰装修设计方案，体现出人的个性品位，而不会千篇一律。相对于硬装修一次性、无法更改的特性，软装修可以随时更换，可以更新不同的元素，能够让人随心所欲地对空间进行设计与改造。

第二章
软装设计务实流程

识读难度：★★★★★

核心概念：设计师、设计原则、设计流程、预算成本

章节导读：设计是把一种计划、规划、设想通过视觉形式传达出来的活动过程，是艺术与技术的统一，是在这个发展迅猛、多元化的世界中不可或缺的视觉享受。设计师是通过设计这座桥梁，进行创造、创新。人们常常把设计师和艺术家混为一谈，但要称得上设计师，仅仅依靠感性与灵感往往是不够的，还需要具备更专业的设计知识与职业素养。

第一节　软装设计师

　　现代软装设计师需要具有宽广的文化视角和丰富的知识，具备设计创新知识，以及拥有敏锐地捕捉时尚元素的能力，同时能够应对设计中的突发情况，这些都是软装设计师需要具备的基本知识和能力。

一、设计师应具备的能力

1. 注重空间使用者的生活方式

　　作为设计师不仅仅关注的是风格，强化主题，更重要的是关注人在空间中的生活方式。同时适应时代的发展，表现出使用者对颜色、功用等方面的需求。陈设表达离不开对人的生活方式的探究和思考，一个空间从家具、布艺、灯具、绿植、花艺、挂画，到美感与品位，都需要设计师不断加强和提升美感，也需要设计师根据使用空间的人与特征，进行观察、表述，最终演绎出来（图2-1、图2-2）。

2. 具备良好的沟通能力

　　作为陈设设计师，需要具备良好的沟通能力。在与客户沟通的时候，了解对方的品位需求、对美感的感受，才能够针对这类型的客户做出相应的陈设设计。陈设设计师在沟通的过程当中始终要明白，整个设计的起点是客户，终点也是客户。例如，沙发是我们生活中经常用到的家具，要根据客户的习惯和爱好来进行挑选（图2-3、图2-4）。

图2-1 白色沙发

白色沙发非常容易搭配，布面的设计本身就能给人一种舒适的感觉，另外还非常耐用。

图2-2 日常的小件物品

日常小件物品的摆设也需要秩序感和错落感，但整体上是谐调的，多而不杂，乱而有序。

图2-3 深色系的沙发

一般深色系的沙发都具有浓厚的色彩，所以看上去比较厚重。深色系让整个沙发看起来很饱满，成为客厅的主角。

图2-4 绒面沙发

绒面沙发，深蓝色给人以清冷的感觉，但搭配绒面的质感又增添了些许温馨。

图2-1	图2-2
图2-3	图2-4

图2-5 宽大的落地窗

宽大的落地窗是我们许多人心中的向往，闲暇时靠在窗台欣赏窗外的美景，能让人感受到生活的美好。

图2-6 窗户形式设计

结合居室的位置，周围的景色，可以适当调整窗户的大小和方位，正确的窗户形式设计能让景色更加充满魅力。

图2-7 通透式浴室

开放式浴室以更宽敞、通透的空间格局，使卫浴间摆脱狭仄幽闭的印象。而且，影音设备、书架、躺椅等家具都可以透过无隔间的设计来与卧室等空间融合，让人在泡澡的同时，也可阅读、听音乐、看电影。

图2-8 开放式浴室

浴室可以说是最体现一个人生活品质和档次的室内空间。好的浴室，能将空间风格和功能很好地融合在一起。想象一下可以在满是泡沫的超大浴缸里彻底放松身心，是一件多么幸福的事情。

图2-5	图2-6
图2-7	图2-8

3. 不断加强对高品质设计的追求

作为软装设计师，不仅要能够将空间因地制宜地设计出来，而且还要在个别产品的选择上，拥有独到的眼光。这些眼光来源于平时对素材的观察、收集、反馈，才能不断地提升自己对美感、质感的高品质追求。例如，窗户设计是家庭装修设计时的一部分，也是室内可以通向外面世界的通道。窗户设计可以有很多种创意，带给室内空间不同的视觉感受和风景（图2-5、图2-6）。

二、设计师应具备的素质

1. 设计师要自信

坚信自己的个人信仰、经验、眼光、品位，不盲从、不孤芳自赏、不骄、不躁。以严谨的治学态度面对设计，不为个性而个性，不为设计而设计。作为一名设计师，必须有良好的基本素质和高超的设计技能，汲取优秀设计精华，实现新的创造。例如，浴室的设计要考虑到多方面的因素，相对其他空间的设计要复杂一些，十分考验设计师的个人能力和解决问题的能力（图2-7、图2-8）。

2. 设计师要有职业道德

设计师职业道德的高低和设计师人格的完善有很大关系，往往决定一个设计师设计水平的就是人格的完善程度。其程度越高，理解能力、权衡能力、辨别能力、协调能力和处事能力就越强，这些将协助设计师在职业生涯中越过一道又一道障碍，所以设计师必须注重个人的修行。

3. 设计师要懂得自我提升

设计师的自我提升必须在不断的学习和实践中进行，设计师的广泛涉猎和专注是统一的辩证关系，前者是灵感和表现方式的源泉，后者是工作的态度。在设计中最关键的是意念，好的意念需要修养和时间去孵化。设计师还需要开阔的视野，具有广阔的信息来源。

4. 设计师需要国际化设计思维

有个性的设计可能是来自于本民族悠久的文化传统和富有民族文化本色的设计思想，民族性、独创性与个性化设计同样是具有价值的，地域特点也是设计师的知识背景之一。未来的设计师不再是狭隘的民族主义者，而每个民族的标志更多地体现在民族精神层面，民族和传统也将成为一种图式或者设计元素，作为设计师有必要认真看待民族传统和文化。

第二节 遵循设计原则

一、定好风格，再做规划

软装不仅可以满足现代人多元化的时尚追求，也可以为环境空间注入更多的文化内涵，增强环境中的意境美感。但在软装设计中要遵循一定原则，才能装扮好环境空间。在软装设计中，最重要的概念就是先确定环境空间的整体风格，然后用饰品做点缀。在设计规划之初，就要先将客户的习惯、喜好、收藏等全部列出，并与客户进行沟通，使其在考虑空间功能定位和使用习惯的同时满足个人风格需求（图2-9、图2-10）。

二、比例合理，功能完善

软装搭配中最经典的比例分配莫过于黄金分割了。如果没有特别的设计考虑，不妨就用1∶0.618的黄金分割比来划分环境空间。例如，不要将花瓶放在窗台正中央，偏左或者偏右放置会使视觉效果活跃很多（图2-11、图2-12）。

图2-9 深蓝色与浅蓝色的瓷砖

深蓝色的瓷砖与浅蓝色的瓷砖相结合，可以很好地营造出海洋的氛围。

图2-10 蓝与白的结合

地中海风格最经典的颜色搭配便是蓝与白的结合。

图2-9 │ 图2-10

图2-11 绿植

此款绿植为中等大小，侧放在楼梯的左面，视觉效果很活跃，与地中海风格的配合十分得当。

图2-12 色彩搭配和谐

在软装设计时要注意色彩搭配的轻重结合，饰物的形状大小分配谐调和整体布局的合理完善。

图2-13 红色和黄色为重点

该卫生间的重点为红色和黄色，红色的瓷砖和台上盆配以黄色的向日葵和浴缸，撞色巧妙。

图2-14 茶几为视觉中心

该客厅的视觉中心为茶几，造型别致，为中国传统大鼓，深厚的红色与其他家具配合完美。

图2-15 暖色系的应用

独特的暖色系的应用与小碎花的结合，装饰画的点缀提升了居住环境的品位。

图2-16 年代感

面盆使用了青花瓷元素，增添了一丝复古韵味，金色镶嵌的圆镜边框，更加深了年代感。

图2-11	图2-12
图2-13	图2-14
图2-15	图2-16

三、节奏适当，找好重点

节奏与韵律是通过体量大小的区分，空间虚实的交替，构件排列的疏密、长短的变化、曲柔刚直的穿插等变化来实现的。在软装设计中虽然可以采用不同的节奏和韵律，但同一个房间切忌使用两种以上的节奏，那样会让人无所适从、心烦意乱。在环境空间中，视觉中心是极其重要的，人的注意范围一定要有一个中心点，这样才能造成主次分明的层次美感，这个视觉中心就是布置上的重点。对某一部分的强调，可打破全局的单调感，使整个居室变得有朝气，但视觉中心有一个就够了（图2-13、图2-14）。

四、多样配置，统一协调

软装布置应遵循多样与统一的原则，根据大小、色彩、位置使之与家具构成一个整体。家具要有统一的风格和格调，再通过饰品、摆件等细节的点缀，进一步提升居住环境的品位。调和是将对比双方进行缓冲与融合的一种有效手段。例如，通过暖色调的运用和柔和布艺的搭配（图2-15、图2-16）达到统一。

第三节　一般设计流程

　　国外的软装设计工作基本是在硬装设计之前就介入，或者与硬装设计同时进行，但我国的操作流程基本还是硬装设计完成确定后，再由软装公司设计方案，甚至是在硬装施工完成后再由软装公司介入。

一、前期准备

1. 完成空间测量

　　上门观察空间，了解硬装基础，测量空间的尺度，并给各个角落拍照，收集硬装节点，绘出环境空间基本的平面图和立面图。

2. 与客户进行探讨

　　从空间动线、生活习惯、文化喜好、宗教禁忌等各个方面与客户进行沟通，了解客户的生活方式，捕捉客户深层的需求点，详细观察并了解硬装现场的色彩关系及色调，控制软装设计方案的整体色彩（图2-17、图2-18）。

★ 补充要点

软装设计的误区

1. 过于喧宾夺主的装饰漆。装饰漆可以为空间添一抹亮色，但关键在于要掌握使用程度。使用过量则会以粗俗的效果结尾。

2. 顶灯。在每个房间应用调节器及柔和的白炽灯泡，灯光不应当照在人们的头顶。

3. 不成比例的台灯。不要强硬地去创新，简单的搭配也很出彩。

4. 被束缚的抱枕。不要用过大过鲜明的抱枕使客厅的布局显得过于正式。

5. 孤立的光源。好的光源关键在于在不同高度所产生的光源层次。不要单单依靠一种光源，可以将各种的顶灯、地灯还有台灯混合搭配使用。

6. 忽视窗户。窗饰不仅代表装饰的结束，除了油漆，窗饰是改变整个房间观感的最容易和最便宜的方法。

图2-17　图2-18

图2-17 空间动线

该浴室充分合理地利用了空间动线，楼梯下方的角落刚好放下浴缸。

图2-18 楼梯花纹设计

地中海的白蓝色调，楼梯花纹设计别有一番风味，仿佛海风迎面而来。

图2-19 家具草图设计

这款设计中，整体颜色选用了偏米白色的设计，加以正红色点缀，正红色的大气正符合新古典主义的主题。

图2-20 室内陈设草图

此款柜子具有典型的古典美，柔软的装饰线条，纤细优美的桌角，干净而不拖泥带水。

图2-21 尺度适当的家具

尺度适当的家具对维持整个家居环境的谐调性非常重要。

图2-22 装饰品的尺寸

装饰品的尺寸也需注意，太大了扰乱视线，太小了失去焦点，要合理选择。

图2-19	图2-20
图2-21	图2-22

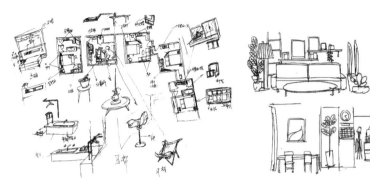

3. 软装设计方案初步构思

综合以上环节进行平面草图的初步布局，将拍照后的素材进行归纳分析，初步选择软装配饰。根据软装设计初步方案的风格、色彩、质感和灯光等，选择适合的家具、灯饰、饰品、花艺、挂画等（图2-19、图2-20）。

4. 签订软装设计合同

与客户签订合同，尤其是定制家具部分，确定定制的价格和时间。确保厂家制作、发货的时间和到货时间，以便不会影响进行软装设计的时间。

二、中期配置

1. 二次空间测量

在软装设计方案初步成型后，软装设计师带着基本的构思框架到现场，对环境空间和软装设计方案初稿反复考量，感受现场的合理性，对细部进行纠正，并全面核实饰品尺寸（图2-21、图2-22）。

2. 制订软装设计方案

在软装设计方案与客户达到初步认可的基础上，通过对配饰的调整，明确在本方案中各项软装配饰的价格及组合效果，按照配饰设计流程进行方案制作，出台正式的软装整体配饰设计方案。

3. 讲解软装设计方案

为客户系统全面地介绍软装设计方案，并在介绍过程中不断反馈客户的意见，征求所有家庭成员的意见，以便下一步对方案进行归纳和修改。

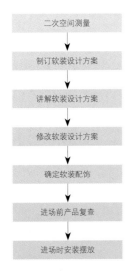

二次空间测量 → 制订软装设计方案 → 讲解软装设计方案 → 修改软装设计方案 → 确定软装配饰 → 进场前产品复查 → 进场时安装摆放

图2-23 中期配置流程图

4．修改软装设计方案

在与客户进行完方案讲解后，深入分析客户对方案的理解，让客户了解软装方案的设计意图。同时，软装设计师也应针对客户反馈的意见对方案进行调整。

5．确定软装配饰

与客户签订采买合同之前，先与软装配饰厂商核定价格及存货，再与客户确定配饰。

6．进场前产品复查

软装设计师要在家具未上漆之前亲自到工厂验货，对材质、工艺进行初步验收和把关。在家具即将出厂或送到现场时，设计师要再次对现场空间进行复尺。

7．进场时安装摆放

配饰产品到场时，软装设计师应亲自参与摆放，对于软装整体配饰的组合摆放要充分考虑到各个元素之间的关系及客户生活的习惯（图2-23）。

三、后期服务

软装配置完成后，应对软装整体配饰进行保洁、回访跟踪、保修勘察及送修。为客户提供一份详细的配饰产品手册，包括窗帘、布艺的分类，布料的选购、清洗等，摆件的保养，绿植的养护，家具的保养等。以下以窗帘的保养为例（表2-1）说明。

表2-1 窗帘的保养事项

序号	保养方法
1	用湿布抹去灰尘，清洗窗帘前要注意窗帘的材质。窗帘绑带和配饰如果是手工编织工艺品，用湿抹布或吹风机吹掉表面的灰尘即可，不用水洗
2	为避免窗帘缩水，清洗时的水温应控制在30℃以下，忌用烈性洗涤剂
3	为避免混合染色，不同的面料要分开清洗
4	较薄的窗帘不宜使用洗衣机洗，以免损坏
5	罗马帘需干洗，因为罗马帘对窗型的尺寸要求比较严谨，水洗可能会产生变形或缩水
6	遮光布最好用湿布抹擦，洗衣机会把遮光布后面的涂层洗得斑斑点点
7	竹帘、木帘要预防潮湿的液体和气体，清洁时切忌用水，一般用鸡毛掸扫或干布清洁即可
8	卷帘、百叶窗、垂直帘、百折帘和风琴帘可直接用湿布抹去灰尘

第四节　预算成本控制

软装预算的制定关系着整个软装的支出费用，一份合理的软装预算，能让我们在软装设计中游刃有余，最重要的是能够省钱。预算的内容主要有以下几个方面。

一、价格定位

软装物品的品种繁多，同种类别的产品还有高、中、低档之分，材质、做工设计决定了其价值所在。以房产项目来例，配置什么档次的软装物品取决于以下几个方面。

1. 甲方客群定位

甲方会从楼盘的位置、资源、项目本身来大概确定整个硬装和软装的费用：位置较好、售价高，客户定位在高层次人群的，甲方一般要求软装公司配置一些质量优质、材质高级、设计有风格的高档产品；而位置比较偏远，客户定位不是太高端的楼盘，甲方一般会严格控制成本，这类设计主要侧重把握效果，材质上要控制成本，把价格降到合理的水平（图2-24、图2-25）。

2. 项目用途定位

一般来讲，项目的不同导致软装的配置侧重点也不同，住宅类样板间比较注重生活的舒适性和享受性；而办公类项目主要要求陈列物大气、简洁，具有艺术性（图2-26、图2-27）。

二、成本核算

软装公司的成本主要由以下几部分组成。

1. 产品的采购成本

软装物品的价格主要看品牌、材质、做工及设计理念。同样一款产品，从外形上看可能非常接近，但因材质不同，价格会相差非常多，比如一个雕塑，如果用树脂材料制作然后电镀与完全采用不锈钢材质外形基本一样，视觉效果也差别不大，但其价格就完全不同；一个酒杯，普通玻璃材料几十元，但如果采用水晶材料可能要几千元（图2-28、图2-29）。

图2-24 高端别墅

高端别墅中的硬装和软装价格都较高，针对高层次人群的需求，搭配相应的设计风格。此图中的欧式家具、地毯、灯饰造型优美，质量上乘。

图2-25 普通楼盘

普通楼盘中的住宅，室内软装要控制成本，因此家具的质量可能会相对低一些，整体风格的效果也会有稍许不足。此图中的家具造型简单，软装风格相对简约。

图2-26 样板房

好的样板房不仅能起到对楼盘良好的展示形象作用，也能更好地促进销售，产生直接的经济效益。一些楼盘的样板房由于装修效果好，价格适中，出现楼盘销售中一房难求的现象。

图2-27 办公楼

办公楼软装设计不仅需要考虑到公司文化方面，还要考虑到不同功能型空间的划分，以及员工的工作环境。既要把公司的文化向员工展示，还要把公司的实力展现给客户。

图2-28 日本手工玻璃杯

日本手工烧制的晕染玻璃杯，具有浓烈的水墨风情，把艺术融入了生活。

图2-29 奥地利水晶酒杯

奥地利水晶酒杯，杯杆中间彩色部分为彩色水晶，外面包裹透明水晶。

2．产品的研发成本

好的软装公司都有研发中心，为了把设计效果做到更好，不管是家具、布艺、画品等涉及的软装物品，都应尽可能地自己去设计研发。虽然从人员到研发材料是一笔不小的开支，但是自身拥有了这些知识产权，就是后期业绩增长的法宝。同时随着业务增长，成本单价也会逐步减少（图2-30、图2-31）。

3．产品的附加成本

在核算产品本身的基础成本后，一定不能忽略其中的附加成本，比如税金、保证费、运费、安装费等（图2-32）。

4．公司管理及运营成本

软装公司的成本中应该包含公司营运所产生的各种费用，需要每个公司根据自身的经验来确定比例。

三、报价模版

一份全面的报价清单可以让客户应用的产品一目了然，同时也便于明确双方的责任。一份报价单要包括核价单、预算说明、分项报价单、项目汇总表等，预算完成后，合同书的编制就水到渠成了，当然在真正的项目开始实施后，变更联系单、验收单等也会成为完整合约的组成部分。

图2-30 隐形床

隐形床最初的发明者是19世纪初的威廉·墨菲，它一诞生就风靡了欧洲世界，因为它不仅给人们带来了更便捷的居家生活方式，也为美化空间节约空间提供了更多可能。

图2-31 节约空间

隐形床收进去时变为普通的衣柜样式，放下时可作为床使用。现代大部分的隐形床需要独家定制，价格相对较高。

图2-32 实木家具

一般会收安装费用的都是实木家具。大品牌会直接将购买的产品送货上门，并且负责后续的安装。

图2-30 | 图2-31
图2-32

1. 核价单

核价单是指设计师根据软装方案细化的产品列表清单。这个表格内要详细注明项目位置、序号、所报产品名称、图片、规格、数量、单价、总价、材质及必要的备注。任何一个细节的缺失都有可能造成报价的不准确，而且会为此后各项步骤留下非常多的隐患。原则是根据不同的供应商制作针对性的核价单，制作好以后就可以发给相应的合作商确定产品的底价（表2-2）。

表2-2　　　　　　　　　　　　　　　材料核价单

项目名称				核价单编号				日期	年 月 日
序号	材料名称	规格及型号	厂家	单位	数量	申报单价	核定单价	使用部位	备注
说明	以上材料所提供之数量为初步统计数量，与实际数量可能会有出入，仅作为参考								

2. 分项报价单

经过分项核价后，基本上可以把各项目的成本价格核算清楚，剩下要做的是制作利润合理的分项报价单，分项报价单基本上是在核算单的基础上进行的。在编制单项报价清单的时候，要注意根据产品实际情况进行材质、颜色、尺寸、备注等项目的调整。一般这个时候的报价单上注明的一切都是作为软装机构对客户的承诺，所以要特别细致地做这部分工作，尤其要注意的是大件产品的运费一定要计入成本核算（表2-3）。

表2-3　　　　　　　　　　　　　装饰画的预算与选购

类别	特　　征	预算估价
印刷品装饰画	装饰画市场的主打产品，是由出版商从画家的作品中选出优秀的作品，限量出版的画作	160～220元/幅
实物装裱装饰画	新兴的装饰画画种，它以一些实物作为装裱内容	350～430元/幅
手绘装饰画	艺术价值很高，价格昂贵，具有收藏价值	550～670元/幅
油画装饰画	属于纯手工绘制，可根据需要临摹或创作	420～500元/幅
木制画	以木头为原料，经过一定的程序胶黏而成	220～270元/幅
摄影画	主要为国外的翻拍作品，具有观赏性和时代感	160～200元/幅
丝绸画	比较抽象，有新奇的效果，别具一格	380～460元/幅
编织画	采用毛线、细麻线等原料，编织成色彩比较明亮的图案	250～300元/幅
烙画	在木板上经高温烙制而成，色彩稍深于原木色	650～1000元/幅
动感画	装饰画新贵，图案优美，色彩清亮，充满动感的效果	130～190元/幅

3. 项目汇总表

在各分项报价完成后就要制作一份由家具、壁纸、灯具、窗帘、床品、软包、地毯、画品、花品、饰品等各分项组成的报价汇总表。在这个报价汇总表中，可以很清楚地看到每个分项所需要花费的价钱和该分项占整个软装项目的比例，这样能使设计师和业主对项目有非常清晰的认知。同时在这个表格中必须明确各个注意事项和责任，其中供货周期也是必不可少的元素。清楚明白是这个表格的最大价值（表2-4）。

表2-4　　　　　　　　　　　　软装部分预算清单表

品类	区域	产品	规格/材质	数量	单价（元）	总价（元）	是否已购买
家具	卧室	床·次卧	1500mm	1	599.00	599.00	是
		床·主卧	1800mm	1	4000.00	4000.00	是
		床垫	1500mm×1800mm	3	2000.00	6000.00	否
		床头柜	主人房	1	300.00	350.00	是
		椅子·书桌前	木材	1	150.00	150.00	是
		梳妆台	木材	1	500.00	550.00	否
	客厅	沙发	布艺	1	5000.00	5000.00	是
		灯	水晶玻璃	1	300.00	300.00	是
		茶几	1210mm×650mm×380mm	1	1000.00	1000.00	否
		地毯、茶几位置（大）	1600mm×2300m 羊毛	1	154.80	154.80	否
		电视柜	2000mm	1	1500.00	2000.00	否
		绿色植物	吊兰、芦荟、绿萝等	5		150.00	否
	餐厅	餐桌	木材	1	2708.00	2708.00	是
		灯	水晶玻璃	1	195.50	195.50	是
		茶具	6个杯1个壶	1		150.00	否
		餐具+骨碟	10个碗6个盘	1		122.76	否
		筷子、勺子	10双筷子、5把勺子	1		80.00	否
	阳台	花架	木材	1	80.00	80.00	否
		升降衣架	不锈钢	1	182.00	182.00	是
	厨房	橱柜	1836mm×400mm×870mm	1	1899.00	1899.00	是
	卫生间	盥洗盆	陶瓷	1	198.00	198.00	是
		马桶	陶瓷	1	488.00	488.00	是
		浴缸	陶瓷	1	2158.00	2158.00	否

第五节　案例解析——北欧层次感空间

　　软装，既是装饰，也是整个厨房的灵魂元素。搭配美学，能赋予厨房更多的感染力与活力。好的软装是以循序渐进的设计方式达到饱满又富有层次感的最终成果（图2-33~图2-37）。

在生活功能上，吊柜与地柜的组合设计，可将厨房的各种锅碗瓢盆收纳其中，让整个厨房宽敞、明亮，井井有条。

花艺绿植、便签手抄，恰巧与橱柜形成一个整体，营造出自然和谐、极具生命力的温馨之感。

图2-33
图2-34
图2-35 图2-36

图2-33 厨房

视觉中心点在空间中占有举足轻重的地位。这一款以雪域白为主色调的橱柜，选择了一款与整体风格相互呼应的瓷砖。

图2-34 木质收纳壁挂

软装布置应遵循多样和统一的原则。

图2-35 嵌入式筒灯

筒灯最大特点就是能保持建筑装饰的整体统一与完美，不会因为灯具的设置而破坏吊顶艺术的完美统一性，可增加空间的柔和气氛。

图2-36 凳子

在厨房放置一把舒适的凳子，可以很好地缓解人烹饪时的疲惫，让长时间站立的双脚得到充分的放松。

黄铜材质的水龙头具有优秀
的防锈功能。

厨房搭配清新的绿植能稀释
厨房的烟火味。

独特的北欧绿，淡雅的色调
增添了橱柜的质感。

原木色的抽屉可以放置许多
心爱的食品，分类摆放更加
方便。

图2-37 北欧色系

本章小结：

　　国内的软装设计操作流程基本还是硬装设计完成确定后，再由软装公司设计方案，甚至是
在硬装施工完成后再由软装公司介入。因此，软装设计师在设计中充当着画龙点睛的作用，需
要具有良好的专业素养与职业道德，融合民族特色，设计出使人眼前一亮的装饰风格。

第三章
软装风格与流派

识读难度： ★☆☆☆☆

核心概念： 新中式风格、田园风格、简约风格、欧式风格

章节导读： 软装的风格应在硬装风格讨论时一并解决，如果空间的硬装风格是现代简约，软装的搭配风格也应是现代简约的，反之亦然，所以软、硬装的风格一致性是最基本的原则。根据各地的建筑风格和地域人文特点，软装风格按照室内软装设计风格大类可以分为地中海风格、东南亚风格、美式风格、田园风格、英式风格、新古典风格、现代风格、欧式风格、中式风格、日式风格等。软装设计师可根据各种风格的特点和元素进行相关的软装设计。在本章节中，通过对其中的部分风格进行详细讲解，突出软装风格对整个设计的重要性。

第一节　新中式风格

一、设计手法

新中式风格是指将中国古典建筑元素融合到现代生活环境中的一种装饰风格，具有让传统元素更具有简练、大气、时尚的特点，并让现代装饰更具有中国文化韵味。设计上采用现代的手法诠释中式风格，形式比较活泼，用色大胆，结构也不讲究中式风格的对称，家具更可以用除红木以外更多的选择来混搭，字画也可以选择抽象的装饰画。在软装配饰上，如果能以一种东方人的"留白"美学观念控制节奏，更能显出大家风范（图3-1）。

二、常用元素

1. 家具

新中式风格的家具可为古典家具或现代家具与古典家具相结合。中国古典家具以明清家具为代表，在新中式风格家居中多以线条简练的明式家具为主，有时也会加入陶瓷鼓凳的装饰等（图3-2、图3-3）。

图3-1 淡雅的气氛

深蓝色碎花桌布是该设计的点睛之笔，怀旧的情感随之被调动，整体的搭配色调较为朴素，白色与原木色烘托出淡雅的气氛。传统中式宫灯，砖墙、竹帘都是中式风格的典型要素。

图3-2 木质椅

此款木质椅，既保留了中式传统圈椅的外形特征，又添加了现代家具的时尚原色，浅木色的应用减轻了中式风格颜色的浓重感。

图3-3 陶瓷鼓凳

此款中式风格家具则完全保留了明清家具的特点，颜色与造型都极为还原。除此之外，还添加了陶瓷鼓凳，起到点睛的作用。

图3-1	
图3-2	图3-3

图3-4 纯色勒腰抱枕

丝绸总是带着特有的东方韵味，纯色的抱枕，束腰设计，为简单的造型增添了些许趣味。

图3-5 花鸟刺绣抱枕

此款抱枕采用大面积的纯色，但在颜色的选择上带有中式复古色调，搭配花鸟刺绣相得益彰。

图3-6 中式花纹元素窗帘

此款窗帘设计灵感来自于中国传统建筑花窗，对其形象进行提炼，重复排列成花纹应用于窗帘之上。

图3-7 楠竹材质窗帘

此款竹帘采用楠竹材质，具有浓厚的禅意，适合多种类型的窗户，遮光的同时还能欣赏美景，有一种朦胧美。

图3-8 奢华感屏风

此款屏风做工精美，花纹采用中式传统符号，颜色上面选择黑色与金色搭配，凸显奢华感。

图3-9 花鸟屏风

此款屏风为白蜡木材质，卯榫结构。图案为手绘花鸟，画芯采用乔其纱，具有半透明的效果。

图3-4	图3-5
图3-6	图3-7
图3-8	图3-9

2. 抱枕

如果空间的中式元素比较多，抱枕一般选择简单、纯色的款式，通过正确挑选色彩与搭配，突出中式韵味；当中式元素比较少时，可以赋予抱枕更多的中式元素，如花鸟、窗格图案等（图3-4、图3-5）。

3. 窗帘

新中式风格的窗帘多为对称的设计，帘头比较简单，运用了一些拼接方法和特殊剪裁。可以选一些仿丝材质，以拥有真丝的质感、光泽和垂坠感，金色、银色的运用，还添加了窗帘的时尚感觉，如果运用金色和红色作为陪衬，可表现出华贵而大气（图3-6、图3-7）。

4. 屏风

新中式风格常常会用到屏风的元素，起到空间隔断的功能，一般用在面积较大的空间之间，或沙发、椅子的背面（图3-8、图3-9）。

5. 饰品

除了传统的中式饰品，搭配现代风格的饰品或者富有其他民族神韵的饰品也会使新中式空间增加文化的对比感。如以鸟笼、根雕等为主题的饰品，会给新中式环境融入大自然的想象，营造出休闲、雅致的古典韵味（图3-10、图3-11）。

6. 花艺

新中式风格的花艺设计以"尊重自然、利用自然、融合自然"的自然观为基础，植物选择枝杆修长、叶片飘逸、花小色淡的种类为主，如松、竹、梅、菊花、柳枝、牡丹、茶花、桂花、芭蕉、迎春、菖蒲、水葱、鸢尾等，创造富有中国文化意境的花艺环境（图3-12~图3-14）。

<table>
<tr><td>图3-10</td><td>图3-11</td></tr>
<tr><td>图3-12</td><td>图3-13</td></tr>
<tr><td>图3-14</td><td></td></tr>
</table>

图3-10 陶瓷材质的台灯

这是一款陶瓷材质的台灯，山水图案散发出艺术的气息，精致细腻的陶瓷灯体，在光线的照射下光泽感强烈。

图3-11 鸟笼式的吊灯

此款鸟笼式的吊灯，大小不一，错落安置，符合中式风格的意境美，与整体氛围搭配融洽。

图3-12 雅致花瓶

中式花艺是东方花艺美学的鼻祖。美人在骨不在皮，这是东方美学推崇的审美观念。中国人对"禅"颇为痴迷，常常以瓶、盘、碗、缸、筒等作为花器，背景皆雅致十足。

图3-13 层次感花型

中式花艺的色彩，主调多为中性灰色，优雅温馨、自然脱俗，与中式的环境氛围极为契合，一般以三个主枝条为骨架，然后再在各个主枝的周围插辅助枝条来填补空间，最后的花型要丰满、有层次感。

图3-14 红灯笼与粉桃花

传统中式花艺受儒、道、佛教思想的影响，认为万物皆有灵性，因而常根据其习性，把无语的花草，赋予人的感情和生命力，借用草木抒发人的意志，心情。花叶触及之处，满是长长的遐想与回味。

中式花艺并不仅仅以表现禅意为中心，还有许多表现主题。例如，此图中所表现的喜庆、热烈的色彩，同样具有浓厚的中国风味。青花瓷与桃花枝，红灯笼与粉桃花互相辉映。

★ 补充要点

新中式风格与中式风格的区别

中式风格，造型讲究对称，或显庄重华贵，或显清雅含蓄。新中式风格，讲究传统元素和现代元素的结合，具有现代气息。新中式风格就是作为传统中式风格的现代设计理念，通过提取传统精华元素和生活符号进行合理地搭配、布局，在整体设计中既有中式传统韵味又更多地符合了现代人地生活特点，让古典与现代完美结合，传统与时尚并存。

第二节　地中海风格

一、设计手法

地中海风格是9～11世纪起源于地中海沿岸的一种设计风格。它是海洋风格装修的典型代表，因富有浓郁的地中海人文风情和地域特征而得名，具有自由奔放、色彩多样明媚的特点。地中海风格通常将海洋元素应用到家居设计中，给人蔚蓝明快的舒适感（图3-15、图3-16）。

由于地中海沿岸房屋或家具的线条不是直来直去的，而是比较自然，因而无论是家具还是建筑，都形成一种独特的浑圆造型。拱门与半拱门窗，白灰泥墙是地中海风格的主要特色，常采用半穿凿或全穿凿来增强实用性和美观性，给人一种延伸的透视感。在材质上，一般选用自然的原木、天然的石材等。家具大多选择一些做旧风格的，搭配自然饰品，给人一种风吹日晒的感觉（图3-17、图3-18）。

图3-15 ｜ 图3-16
图3-17 ｜ 图3-18

图3-15 地中海风格

地中海风格包括了希腊地中海风格、西班牙地中海风格、意大利地中海风格、法国地中海风格、北非地中海风格。欧洲国家多喜欢用白色、蓝色、紫色、黄色、绿色等；非洲国家喜用黄色、红色和黑色等，多从当地自然环境中提取。

图3-16 马赛克镶嵌装饰

唯美的弧线造型加上海蓝色的马赛克镶嵌装饰，给人一种现代明快的感觉。色彩选择了代表地中海风情的蔚蓝和纯白色。家具尽量采用低彩度、线条简单且边角浑圆的木质家具，沙发及抱枕的布料采用了蓝白相间的条形图案，与整个居室的氛围相得益彰。

图3-17 拱券

沿袭古罗马技术和拜占庭传统，拱券在地中海建筑中随处可见。拱形门只适合于层高较高的户型。小户型可以适当运用一些拱形的装饰，比如拱形的装饰墙面，卫生间拱形镜子等。

图3-18 马赛克拼贴

马赛克镶嵌、拼贴在地中海风格中算较为华丽的装饰，一般用马赛克、小石子、瓷砖、贝类等素材创意组合。在卫生间砌墙镶嵌马赛克变成了地中海风格的首选。

图3-19 实木家具与白漆组合

实木家具与白漆的组合，清爽的感觉与地中海不谋而合，只需少许的绿植点缀便可。

图3-20 藤类家具

藤类家具大多弧度优美圆滑，给人舒适的感觉，布艺搭配上首选清丽淡雅的颜色。

图3-21 蓝白结合的吊灯

此款吊灯采用了铁艺元素与马赛克镶嵌结合的方法，颜色仍是蓝白结合，灯光下非常绚丽。

图3-22 风扇造型吊灯

地中海风格的吊灯在造型上更是有很多的创新之处，比较有代表性的是以风扇为造型的吊灯。

图3-23 美人鱼造型壁灯

此款壁灯设计成了美人鱼的造型，在温暖的灯光下，美人鱼举着灯，仿佛在为路人指明方向。

图3-24 格纹图案设计

此款窗帘采用格纹图案设计，搭配精致的剪裁工艺，形成了弧线的半帘之美，缔造层次感的同时，也显得非常温柔。格纹作为经典的图案，低调、亲切又颇有家居感。

图3-25 土黄色和红褐色结合

土黄和红褐是北非特有的沙漠、岩石、泥、沙等天然景观的颜色，给人一种大地般的浩瀚感觉。地中海风格沙发的线条是有一定弧度的，显得比较自然，形成一种独特的浑圆造型。

图3-19	图3-20	
图3-21	图3-22	图3-23
图3-24	图3-25	

二、常用元素

1. 家具

家具最好是选择线条简单、圆润的造型，并且有一些弧度，材质上最好选择实木或藤类（图3-19、图3-20）。

2. 灯具

地中海风格灯具常见的特征之一是灯具的灯臂或者中柱部分常常会做擦漆的做旧处理，这种处理方式除了让灯具流露出类似欧式灯具的质感，还可展现出在地中海碧海晴天之下被海风吹蚀的自然印迹。地中海风格灯具还通常会配有白陶装饰部件或手工铁艺装饰部件，透露着一种纯正的乡村气息。地中海风格的台灯会在灯罩上运用多种色彩，造型上往往会设计成地中海独有的美人鱼、船舵、贝壳等造型（图3-21～图3-23）。

3. 布艺

窗帘、沙发布、餐布、床品等软装布艺一般以天然棉麻织物为首选，由于地中海风格也具有田园的气息，所以使用的布艺面料上经常带有低彩度色调的小碎花、条纹或格子图案（图3-24、图3-25）。

4. 绿植

绿色的盆栽是地中海不可或缺的一大元素，一些小巧可爱的盆栽让空间显得绿意盎然，就像在户外一般。餐桌上可以放些雏菊之类的植物，阳台上放绿萝，吊兰也不错。也可以在角落里放置一两盆富贵竹或散尾葵，或者是爬藤类的植物，如鱼尾葵等，制造出一大片的绿意（表3-1）。

表3-1 适合地中海风格的绿植花卉

雏菊	绿萝	吊兰	散尾葵
鱼尾葵	满天星	洒金榕	巴西木
观音棕竹	小白果	含羞草	露珠玫瑰

★ 小贴士

大地色系的地中海风格

石头、木头、水泥和粗糙墙面的"触觉感"，这种充满肌理感的大地色体系，和古希腊的住宅传统有一些关系。沿海地区的希腊民居最早就喜欢用灰泥涂抹墙面，然后开大窗，让地中海海风在室内流动，灰泥涂抹墙面带来的肌理感和自然风格，一直沿袭到了现在。"亮蓝+纯白"色彩的地中海风格，有些夸大的成分，使用更温柔与质朴的大地色系，才是最自然最真实的地中海风格。预算有余裕的可以把墙面刷出肌理感，地面甚至可以使用水泥自流平，天花板的梁如果保留的话也千万别刷成蓝色，保留原来的木头质感就非常好。

图3-26 船锚、船舵

此类地中海系列手工摆件全为树脂材质，包含船锚、船舵和小船，色泽自然饱满，斑驳的油漆赋予产品复古风情，让人忍不住抚摸。

图3-27 铁皮灯塔摆件

此款地中海铁皮灯塔摆件，具备电子灯光效果，尺寸样式多样。

图3-28 竖向棱廓花瓶

带有竖向棱廓的花瓶设计元素来源于古希腊神庙的立柱造型，是地中海风格的代表。

图3-29 动物造型摆件

唯美且拟人化的动物造型是古希腊建筑立柱和墙饰中常用的元素。

图3-30 点状造型花瓶

花瓶上点状造型来源于古希腊建筑围墙上的石块累积形体。

图3-31 东南亚风格

东南亚风格有很多佛教的元素，佛像、烛台、佛手等工艺品很容易见到。所以想要打造地道的东南亚风格特点的居室，这些装饰品必不可少，它会让家中多了一丝禅意。

图3-32 奢华气息

大多数东南亚风格来源于东南亚国家传统的宫殿室内外装饰，充满了贵族奢华气息，这种风格运用到今天的普通家居时要进行精简，在保持整体色调的基础上，要简化装饰造型。

图3-26	图3-27	
图3-28	图3-29	图3-30
图3-31	图3-32	

5. 饰品

地中海风格适合选择与海洋主题有关的各种饰品，如帆船模型、救生圈、水手结、贝壳工艺品、木雕上漆的海鸟和鱼类等，也包括独特的锻打铁艺工艺品、各种蜡架、钟表、相架和墙上挂件等（图3-26～图3-30）。

第三节　东南亚风格

一、设计手法

东南亚风格的特点是色泽鲜艳、崇尚手工，自然温馨中不失热情华丽，通过细节和软装来演绎原始自然的热带风情。相比其他设计风格，东南亚风格在发展中不断融合和吸收不同东南亚国家的特色，极具热带民族原始岛屿风情（图3-31～图3-34）。

图3-33 葱郁的绿化

大部分的东南亚家具采用木材、藤、竹等，两种以上材料混合编织而成。材料之间的宽、窄、深、浅，形成有趣的对比。古朴的藤艺家具，搭配葱郁的绿化，是常见的表现东南亚风格的手法。

图3-34 香艳浓烈的色彩

香艳浓烈的色彩被运用在布艺家具上，如床帏处的帐幕、窗台的纱幔等，可营造出华美绚丽的风格。

图3-35 木雕家具

南亚家具大多就地取材，印度尼西亚的藤，以及泰国的木皮等纯天然的材质，在视觉上可感受到泥土的质朴。

图3-36 竹制品

藤制品和竹制品是很常见的家具，将这两种材质的家具放在卧室里，可以让家散发出浓浓的自然风情，混合使用也是可取的。

图3-33	图3-34
图3-35	图3-36

★ 补充要点

东南亚风格家饰搭配

东南亚风格家饰特有的棕色、咖啡色及实木、藤条的材质，通常会给视觉带来厚重之感，而现代生活需要清新质朴来调和。

1. 统一中性色系。东南亚风格家具最常使用的实木、棉麻及藤条等材质，将各种家具包括饰品的颜色控制在棕色或咖啡色系范围内，再用白色全面调和，是最安全又省心的做法。

2. 轻型天然材质。东南亚风格的家居物品多用实木、竹、藤、麻等材料来打造，这些材质会使居室显得自然古朴，仿佛沐浴着阳光雨露般舒畅。家是放松身心的处所，选择东南亚家具时，应注意避免天然材质因自身的厚重感而带来的空间压迫感，而流行趋势也指引着我们向轻快的原始靠拢。

3. 家具饰品色彩。除非人为刷漆改变颜色，讲求绿色环保的东南亚式家具多数只是涂一层清漆作为保护，因此保留原始本色的家具难免颜色较深。这时更需注意家具的样式，明朗、大气的设计无疑是避免压抑气氛的最佳选择。与之相呼应的饰品，也应该尽量选择简单的造型，保持在中性之上的颜色。

二、常用元素

1. 家具

泰国家具大都体积庞大，典雅古朴，极具异域风情。柚木制成的木雕家具是东南亚装饰风情中最为抢眼的一部分。此外，东南亚装修风格具有浓郁的雨林自然风情，增加藤椅、竹椅一类的家具再合适不过了（图3-35、图3-36）。

2. 灯具

东南亚风格的灯饰大多就地取材，贝壳、椰壳、藤、枯树干等都是灯饰的制作材料。东南亚风格的灯饰造型具有明显的地域民族特征，如铜制的莲蓬灯、手工敲制出具有粗糙肌理的铜片吊灯、一些大象等动物造型的台灯等（图3-37、图3-38）。

3. 窗帘

东南亚风格的窗帘一般以自然色调为主，完全饱和的酒红色、墨绿色等最为常见。设计造型多反映民族的信仰，棉、麻等自然材质为主的窗帘款式往往显得粗犷自然，并且拥有舒适的手感和良好的透气性（图3-39、图3-40）。

4. 抱枕

泰丝质地轻柔，色彩绚丽，富有特别的光泽，图案设计也富于变化，极具东方特色。用上好的泰丝制成抱枕，无论是置于椅上还是榻头，都彰显着高品位的格调（图3-41～图3-43）。

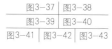

图3-37	图3-38
图3-39	图3-40
图3-41	图3-42	图3-43

图3-37 吊灯风扇

铜制的吊灯结合了风扇的功能，扇叶造型为芭蕉叶，极具肌理美感。

图3-38 落地灯

造型奇异的落地灯，其青翠的绿色非常符合东南亚风格的特点。

图3-39 纱质的窗帘

纱质的窗帘能够让人产生愉悦的心情，帘头的设计给人一点小惊喜。

图3-40 枚红色系的布艺

枚红色系的布艺在东南亚风格中常常被使用，窗帘在阳光下散发出温馨浪漫的气息，结合床品的红褐色，藤制家具的自然感，氛围感非常强烈。

图3-41 绸缎材质抱枕

几何图案与绸缎材质的结合，具有极简风格，墨绿色与紫色的组合，富有禅意。

图3-42 菩提系列抱枕

菩提系列抱枕，仿麂皮绒面料，温润舒适。提花花边与橙色的结合，热烈真诚。

图3-43 棉麻面料抱枕

棉麻面料，咖啡色加上烫金红，浓烈的色彩，独特的纹理带有波西米亚的异域风情。

图3-44 暗红色与深金色纱幔

暗红色与深金色纱幔组成的软隔断，具有浓厚的神秘色彩，沉稳中透露着贵气。

图3-45 色彩艳丽的绸缎纱幔

闲适、自然、飘逸都跟纱幔相关，随意在床上摆放一条色彩艳丽的绸缎纱幔，让幔脚伸延到附着浅浅纹路的柚木地板，随意的皱褶带出点怀旧的味道。

图3-46 芭蕉扇

芭蕉叶制成的芭蕉扇，在室内装饰中有着招财的寓意，许多人对其寄托了自己的美好期望。

图3-47 金箔画

东南亚风格的金箔画，大多与佛教内容有关，深色系列的装饰画给人古朴深远的感觉。

图3-48 扇面造型

扇面造型也是中国传统装饰元素，但是其中表现的莲花却带有东南亚的宗教风情。

图3-49 镂空青花瓷碗

镂空青花瓷碗是从中国传到东南亚地区的，造型与青花图案表现出东南亚的地域风格。

图3-50 木质底板漆画

深色木框与拼装木质底板漆画深刻表现出东南亚风格的装饰特征。

图3-44	图3-45	
图3-46	图3-47	
图3-48	图3-49	图3-50

5. **纱幔**

纱幔妩媚而飘逸，是东南亚风格家居不可或缺的装饰元素。可以随意在茶几上摆放一条色彩艳丽的绸缎纱幔，或是作为休闲区的软隔断，还可以在床架上用丝质的纱幔围出一个大大的结，营造出异域风情（图3-44、图3-45）。

6. **饰品**

东南亚风格饰品的形状和图案多和宗教、神话相关。芭蕉叶、大象、菩提树、佛手等是饰品的主要图案。此外，东南亚的国家信奉佛教，所以在饰品里面也能体现这一点，一般在东南亚风格环境空间中多少会看到一些佛像饰品或木雕饰品（图3-46～图3-50）。

第四节　欧式风格

一、设计手法

　　欧式风格的特点是端庄典雅、华丽高贵、金碧辉煌，体现了欧洲各国传统文化内涵。欧式风格按不同的地域文化可分为北欧风、简欧风和传统欧式风。它在形式上以浪漫主义为基础，装修材料常用大理石，多彩的织物，精美的地毯，精致的法国壁挂，整个风格豪华、富丽，充满强烈的动感效果。一般说到欧式风格，会给人以豪华、大气、奢侈的感觉，主要的特点是采用了罗马柱、壁炉、拱形或尖的拱顶、顶部灯盘或者壁画等具有欧洲传统的元素。欧式风格多用在别墅、会所和酒店的工程项目中。一般这类工程通过欧式风格来体现一种华丽、大气等感觉。在一般住宅公寓项目中，也有用欧式风格的（图3-51～图3-54）。

二、常用元素

　　欧式风格中的绘画多以基督教内容为主。欧式风格的顶部灯盘造型常用藻井、拱顶、尖肋拱顶和穹顶。与中式风格的藻井方式不同的是，欧式的藻井吊顶有更丰富的阴角线（图3-55）。

图3-51 欧式古典风格

欧式古典风格最大的特点就是有着传统欧式风格的古典与华丽，一般这类型的卧室色彩比较庄重，但是整体装饰也比较华丽，细节的地方十分考究。

图3-52 端庄典雅的感觉

欧式风格并不是简单的堆砌，吊顶、壁炉、窗帘、钢琴的色彩具有统一性，视觉效果很整体。

图3-53 北欧舒适风格

北欧舒适风格，家具没有那么多欧式特征的凸显，更重要的是舒适。宜家的家具便是北欧风的代表。

图3-54 欧式简约风格

欧式简约风格，相对来说色彩的明快感更加强烈，常使用白色家具，且特别注重家具的细节呈现。

图3-55 顶部灯盘造型

藻井式吊顶的前提是房间必须达到一定的高度，要高于3m以上，且房间较大。它的式样是在房间的四周进行局部吊顶，可设计成一层或两层。此处的穹顶显得房间更加高阔、气势辉煌。

图3-51	图3-52
图3-53	图3-54
图3-55	

图3-56 或黄色系墙纸

欧式墙纸经常以白色系或黄色系为基础，搭配墨绿色、深棕色、金色等，表现出欧式风格的华贵气质。此处黄色系的花纹墙纸打造了温馨的卧室空间。

图3-57 立体花纹墙纸

此款墙纸表面增加了立体花纹，纹理清晰，色泽柔和，显得非常有质感。

图3-58 大理石花纹

除了瓷砖，其实大理石更加符合欧式风格的大气，此处的大理石花纹，浑然一体，别具一格。

图3-59 橡木家具

整套卧室家具，材质为橡木，表面涂漆添加光泽感，雕花工艺增添了艺术感，大气端庄。

图3-60 古典韵味浓重的欧式沙发

古典韵味浓重的欧式沙发搭配原木色调，看起来质朴又带点复古意味。另外还可以选择搭配一款古典的地毯，更显欧式风尚。

图3-61 明亮色沙发

如果客厅色调较暗，那就应该用明亮的颜色来补充，这样就可以打破空间视觉效果上的沉闷。

图3-56	图3-57
图3-58	图3-59
图3-60	图3-61

1. 墙纸

丰富的墙面装饰线条或护墙板在现代室内设计中，考虑更多的是经济造价因素因而常用墙纸代替，带有复古纹样色彩的墙纸是欧式风格中不可或缺的材料（图3-56、图3-57）。

2. 家具

地面一般采用波打线及拼花进行丰富或美化，也常用实木地板拼花方式。一般都采用小几何尺寸块料进行拼接。木材常用胡桃木、樱桃木及榉木为原料，石材常用的有爵士白、深啡网、浅啡网、西班牙米黄等（图3-58、图3-59）。

3. 沙发

欧式沙发的特点是线条结构流畅，工艺精巧细致，整体看起来尊贵又不失浪漫，而且很有情调。欧式沙发需要搭配具有同样特色的装饰，才能提升特有的文化内涵和历史底蕴。欧式沙发搭配首先要和装饰环境相匹配，其次需要考虑到周围家具的颜色，色差不宜过大，最好是一个色系或者有一个缓和的过度，这样才能保证欧式沙发与家居环境的整体风格一致（图3-60、图3-61）。

4. 饰品

欧式风格的装饰细节多以人物、风景、油画为主，以石膏、古铜、大理石等雕工精致的雕塑为辅。而具有历史沉淀感的仿古钟、精致的台灯，都可以把空间点饰的无比清逸，将质感和品位完美地融合在一起，凸显出古典欧式雍容大气的效果。欧式风格整体在材料选择、施工、配饰方面上的投入比较高，多为同一档次其他风格的数倍以上，所以更适合在较大的别墅、宅院中运用，而不适合较小的户型（图3-62～图3-67）。

★ 小贴士

入户厅吊顶

入户厅吊顶一般有平板吊顶、异型吊顶、局部吊顶、格栅式吊顶、藻井式吊顶等五大类型。顶面做简单的平面造型处理，采用现代的灯饰灯具，配以精致的角线，给人一种轻松自然的怡人感。不过很多房子因为采光或特殊需要，不但需要吊顶，而且需要对顶面进行特殊设计处理。一个构思巧妙，适合房子特点的吊顶不但可以弥补房间的缺点，还可以给居室增加个性色彩。

图3-62	图3-63	图3-64
图3-65	图3-66	图3-67

图3-62 水晶吊灯

图3-63 铜制相框

图3-64 抽象油画

图3-65 人物雕刻摆件

图3-66 花瓶花艺

图3-67 水果托盘

第五节　日式风格

一、设计手法

日式风格又称和式风格。这种风格的特点是适用于面积较小的空间，其装饰简洁、淡雅。一个略高于地面的榻榻米平台，配上日式矮桌、草席地毯、布艺或皮艺的轻质坐垫、纸糊的日式移门等，都是这种风格重要的组成要素。日式风格中没有很多的装饰物去装饰细节，所以整个空间显得格外的干净利索。它一般采用清晰的线条，使居室的布置带给人以优雅、清洁的感觉，并有较强的几何立体感。日式风格特别能与大自然融为一体，借用外在自然景色，为设计带来无限生机（图3-68）。

二、常用元素

1. 材质

在空间布局上，讲究空间的流动与分隔，流动则为一室，分隔则分几个功能空间，空间中总能让人静静思考，禅意无穷。在材质运用方面，传统的日式风格将自然界的材质大量运用于装修、装饰中，不推崇豪华奢侈、金碧辉煌，以淡雅节制、深邃禅意为境界，重视实际功能（图3-69、图3-70）。

图3-68 日式风格

客厅选用了一款质感舒适的沙发，颜色为浅灰色，与木质的搭配非常巧妙。沙发背后的墙面用了一款比较特别的挂饰来修饰整个空间，显得自然风趣。

图3-69 木纹吊顶

吊顶进行了木纹处理，与家具地板相呼应，增强了整体风格的统一性。

图3-70 禅意空间

佛教、神社及源自中国唐代的建筑特征，形成一种特有的日系风，给人一种与自然相融合的静谧感，打造出清新自然、禅意无穷的低调生活。

图3-68	
图3-69	图3-70

图3-71 简洁淡雅的家具风格

墙面用木板在边角处遮盖了缝隙，根据房屋的走向而灵活运用，显得规整平和。

图3-72 浅色系家具

日式风格所用的实木木材一般为浅色，桌上的桌旗，颜色淡雅，编织的灯具非常自然。

图3-73 榻榻米

榻榻米是日式家装中必不可少的家居装饰。在传统的日式建筑中，甚至把整个客厅都打造成榻榻米，休息、待客都非常实用且方便。

图3-74 原木色日式格子门

传统的原木色日式格子门，透露着原汁原味的日式风潮。整个空间仿佛散发着阵阵原木的清香，不觉令人心境也跟着平和起来。

| 图3-71 | 图3-72 |
| 图3-73 | 图3-74 |

传统的日式家具以清新自然、简洁淡雅的独特品位，形成了独特的家具风格。选用材料上也特别注重自然质感，营造了闲适写意、悠然自得的生活境界（图3-71、图3-72）。

2. 家具

在日本的住所中，客厅餐厅等对外部分是使用沙发、椅子等现代家具的样式，卧室等对内部分则是使用榻榻米、灰砂墙、杉板、糊纸格子拉门等传统家具的和室（图3-73、图3-74）。

第六节　田园风格

一、设计手法

田园风格最初出现于20世纪中期，泛指在欧洲农业社会时期已经存在数百年历史的乡村家居风格，以及美洲殖民时期各种乡村农舍风格。田园风格并不专指某一特定时期或者区域，它可以模仿乡村生活般朴实而又真诚，也可以是贵族在乡间别墅里的世外桃源（图3-75~图3-79）。

图3-75 小庭院的田园风格

铁艺楼梯搭配木质台阶，姜黄色的墙壁，颜色淡雅的躺椅，墙角的植物与墙面摇曳的花朵，构成了一副闲适的田园风画面。

小庭院的田园风格最重要的便是花艺的搭配，要灵活运用，不可过多，过于浓重，也不可过少，过于寡淡。

图3-76 仿古砖

仿古砖是田园风格地面材料的首选，自然的质感让人觉得朴实无华，可以打造出一种淡淡的清新之感。

图3-77 铁艺花架

铁艺可以做成不同的形状，或为花架，或为枝蔓，能够让乡村的风情更显本质。

图3-78 墙纸

田园风格的墙纸大多运用砖纹、碎花、藤蔓等图案，或者直接运用手绘墙，都是田园风格的一个特色表现。

图3-79 花枝图案

此款墙纸图案为花枝，颜色为浅绿色，古典气息浓厚。

图3-75	
图3-76	图3-77
图3-78	图3-79

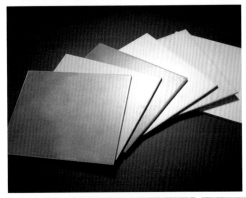

二、常用元素

1. 家具

田园风格在布艺沙发的选择上可以选用小碎花、小方格等图案，色彩上粉嫩、清新，以体现田园大自然的舒适宁静；再搭配质感天然、坚韧的藤质桌椅、储物柜等简单实用的家具，让田园风情扑面而来（图3-80、图3-81）。

图3-80 布艺小碎花沙发

布艺小碎花沙发以浅绿色为背景，搭配同样形式的小抱枕，非常可爱清新。

图3-81 储物柜

储物柜为杉木材质，做旧处理，凸显了复古情怀，线条简洁，散发着浓郁的田园气息。

图3-82 棉麻材质桌布

桌布为棉麻材质，颜色黑白相间，流苏垂坠感强，采用经典格子图案搭配，简约素雅。

图3-83 小碎花桌布

米色作为桌布背景色，褐色小碎花点缀其间，非常活泼，蕾丝边的搭配增添了桌布的质感。

图3-84 粉红色格子桌布

粉红色格子桌布，加上枚红色荷叶边，非常具有少女气息，仿佛回到了纯真的年代。

图3-85 英式田园风格窗帘

良好的透光性与室外景色之间形成一道风景线，既有窗帘的作用，又具有美感。

图3-86 美式田园风格窗帘

碎花是美式田园风格的主要特征，与木质的家具相互呼应。

图3-87 韩式田园风格窗帘

韩式风格的窗帘透露出小清新的气质。

图3-88 韩式田园风格床品

韩式田园风格床品，采用贡缎制造工艺，海岛棉材质，柔软舒适。

蓝白相间的颜色搭配，非常清爽，显得干净整洁。表面采用刺绣工艺，花纹大方优雅，凸显床品的质感。

图3-80	图3-81	
图3-82	图3-83	图3-84
图3-85	图3-86	图3-87
图3-88		

2. 桌布

亚麻材质的布艺是体现田园风格的重要元素，在台面或桌子上面铺上亚麻材质的精致桌布，上面再摆上小盆栽，立即散发出浓郁的大自然田园风情（图3-82～图3-84）。

3. 窗帘

各种风格无论美式田园、英式田园、韩式田园、法式田园、中式田园均可拥有共同的窗帘特点，即由自然色和图案合成窗帘的主体，而款式以简约为主（图3-85～图3-87）。

4. 床品

田园风格床品同窗帘一样，都由自然色和自然元素图案的布料制作而成，而款式则以简约为主，尽量不要有过多的装饰（图3-88）。

5. 花艺

较男性风格的硬朗植物不太适合田园风情，一般选择满天星、薰衣草、玫瑰等有芬芳香味的偏女性风格植物装点氛围。同时将一些干燥的花瓣和香料穿插在透明玻璃瓶甚至古朴的陶罐里（图3-89、图3-90）。

6. 餐具

田园风格的餐具与布艺类似，多以花卉、格子等图案为主，也有纯色但本身在工艺上镶有花边或凹凸纹样的，其中骨瓷餐具因为质地细腻光洁而深受推崇（图3-91～图3-96）。

图3-89	图3-90	
图3-91	图3-92	图3-93
图3-94	图3-95	图3-96

图3-89 单只松虫果

单只松虫果斜倚在棕色玻璃瓶里，花朵颜色淡雅，可搭配木制家具，有些中式田园的味道。

图3-90 红、白色玫瑰

红色的玫瑰与白色的玫瑰结合了热烈与清淡的视觉效果，搭配铁艺壁挂，具有美式乡村风味。

图3-91 粉色餐具

美式田园风格的餐具具有简洁淡雅的特色，各类盘子没有过多的修饰。

图3-92 樱花图案餐具

日式餐厅的餐具追求与自然融合，在色调与制作上均符合田园色彩。樱花是其常用图案，淡粉色的樱花与天蓝色的底色融汇自然。

图3-93 简约朴素色彩餐具

这款餐具组合套装主题是以简约朴素色彩的样式，没有过多复杂的设计，简简单单，能给人淡淡的小温馨感觉。

图3-94 极简图案餐具

零星的图案也显得不再那么单调，大方简单但又不失对生活品质的追求。

图3-95 小植物餐具

忙碌的工作总是让人疲惫不堪，回到家里卸下一整天的辛劳，只想享受轻松和休闲的时。一套小清新的田园风餐具，净化你内心的孤独与烦闷，为自己做一顿餐食，氤氲烟气之间压力也都统统不见了。

图3-96 粉蓝梅花餐具

暖色调的彩瓷带来一种柔和的感觉，传统的梅花图案更是将温暖和清冷巧妙的结合，华而不俗，既是这餐具的风格，也是我们生活的态度。

第七节　现代简约风格

一、设计手法

简约主义是在20世纪80年代中期对复古风潮的叛逆和极简美学的基础上发展起来的，90年代初期，开始融入室内设计领域。以简洁的表现形式来满足人们对空间环境感性的、本能的和

理性的需求，这就是现代简约风格。现代简约风格强调少即是多，舍弃不必要的装饰元素，将设计的元素、色彩、照明、原材料简化到最少的程度。现代简约风格在硬装的选材上不再局限于石材、木材、面砖等天然材料，而是将选择范围扩大到金属、涂料、玻璃、塑料及合成材料，并且夸大材料之间的结构关系。装修简便、花费较少却能取得理想装饰效果的现代简约风格是当今流行趋势，这类风格对空间的要求不高，一般为中小户型公寓、平层住宅或办公楼均可（图3-97～图3-99）。

二、常用元素

1. 家具

现代简约风格的家具通常线条简单，沙发、床、桌子一般都为直线，不带太多曲线，造型简洁，强调功能，富含设计或哲学意味，但不夸张（图3-100～图3-103）。

图3-97
图3-98　图3-99

图3-97 空间留白

装饰品不多，但每个装饰品都非常独特、精致，造型简单、有个性。在墙面、吊顶占据视觉比重较大的空间留白，减少了视觉负担。利用黑白组合，搭配出个性的装修。空间的划分并没有隔墙，而是采用隔断的形式，这样的空间划分方法更具灵活性、兼容性和流动性。

图3-98 深浅对比强烈的色彩

纯粹的现代风格以北欧风格为基础进而演变的，软装饰品的造型简洁到没有任何修饰，仅通过深浅对比强烈的色彩与木纹材质来表现风格的存在。

图3-99 床上用品深浅对比

床上用品深浅对比强烈，特别醒目，装饰画多以抽象的图案为主。

图3-100 冰湖蓝色沙发

木质沙发，采用棉麻材质，冰湖蓝色显得格外清爽。根据尺寸的不同，价格大约在1500~5000元范围内。

图3-101 鹅卵石造型沙发

人造板工艺沙发，造型创意取自鹅卵石，高低错落的靠背宛如山峦的起伏，糖果色的应用，简约中不失童趣。根据组合产品的不同，价格大约在5500~8000元范围内。

图3-102 大理石茶几

大理石与金色钢艺结合，镂空的桌腿造型，降低了大理石带来的厚重感，搭配不同风格的花艺，风格多变。据尺寸不同，价格大约在900~1000元范围内。

图3-103 黑色几何线条茶几

玻璃与钢结构组合，黑色线条充满空间感，将简约发挥到极致，但功能却并未因此受限，家居空间因此变得灵动幽美。据尺寸不同，价格大约在600~1000元范围内。

图3-104 纯白色窗帘

纯白色的窗帘搭配浅灰色的床品，整体风格淡雅娴静，窗帘的褶皱增添了线条感。

图3-105 棉麻纯色桌布

棉麻纯色桌布，本身就具备简约风格，黑灰色的应用更加增添了氛围感。

图3-100	图3-101
图3-102	图3-103
图3-104	图3-105

2. 布艺

现代简约风格不宜选择花纹过重或是颜色过深的布艺，通常比较适合的是一些浅色并且具有简单大方的图形和线条作为修饰的类型，这样显得更有线条感（图3-104、图3-105）。

图3-106 麦克风灯罩

镂空的麦克风灯罩散发出温暖的光晕，金属色系极具现代感，价格约在500元左右。

图3-107 S形床头灯

曲线S形设计的床头灯，创意感极强，灯体为铝制，比较牢固。价格约在200元左右。

图3-108 风车造型吸顶灯

风车造型吸顶灯，铁艺灯罩结合实木灯体，颜色简单，价格约在250~500元范围内。

图3-109 人物线条装饰画

寥寥数笔便勾勒出人物的喜怒哀乐，极简的线条之美，画中表现得淋漓尽致，价格约在100~250元范围内。

图3-110 鹅卵石装饰画

灰色鹅卵石被裁剪成三幅画，空间的延续性并未受到影响，反而引人注目，价格约在200~500元范围内。

图3-111 立体装饰画

采用喷绘工艺的立体装饰画，金色的花朵造型精致优雅，具有轻奢主义风格，价格约在120~350元范围内。

图3-112 不规则陶瓷花器

不规则陶瓷花器，多面立体，层次感强。其大理石纹路错落交织，韵味十足。手工打磨的肌理效果，兼具情怀与品质。既能当摆件，又能当花器，可搭配绿色阔叶植物。

图3-113 磨砂玻璃花器

具有磨砂效果的玻璃，复古做旧效果的金属环带，纯粹简约的黑金配色，张弛有度。

图3-114 彩色透明玻璃花器

蓝色玻璃花瓶采用不规则的小口设计，与瓶身形成巨大反差，可搭配一枝红色枫叶。

图3-106	图3-107	图3-108
图3-109	图3-110	图3-111
图3-112	图3-113	图3-114

3. 灯具

金属是工业化社会的产物，也是体现现代简约风格最有力的手段，各种不同造型的金属灯，都是现代简约风格的代表元素（图3-106~图3-108）。

4. 装饰画

现代简约风格可以选择抽象图案或者几何图案的挂画，三联画的形式是一个不错的选择。装饰画的颜色和空间的主体颜色相同或接近比较好，颜色不能太复杂（图3-109~图3-111）。

5. 花艺

现代简约风格空间大多选择线条简约，装饰柔美、雅致或苍劲有节奏感的花艺。线条简单呈几何图形的花器是花艺设计造型的首选。色彩以单一色系为主，可高明度、高彩度，但不能太夸张（图3-112~图3-114）。

第八节 案例解析——灵气趣味性空间

客厅是日常娱乐休闲待得比较多的地方，小户型客厅布置应以简约、大气为主，在家具家电的选择上也应遵循这个原则，否则会显得客厅局促而狭小（图3-115～图3-119）。

这款沙发，简约北欧造型，具有灵活多变的个性，90°放平时可秒变宽大，舒适的沙发床，完美地解决了小户型居室少的问题，偶尔有客人来访也可就此安睡。

小户型的空间有限，简单的配色方案，可让客厅变得清爽又可爱。

茶几有大小形状之分，小巧的茶几可以最大限度地节约客厅的空间。一些性格偏柔和的人偏爱圆形的茶几，活泼精致，非常适合有孩子的家庭。

沙发背景不用太复杂，一组画就可以，或者是放一组照片墙。

图3-115 客厅俯视图

图3-116 客厅正面

图3-117 电视机与地毯

让客厅空间成为心灵欣赏的地方，让每一件家具、每一盏灯具、每一幅艺术品都充满灵气。小户型客厅在电视的选购上应以小巧、精致为主，斑马纹簇绒地毯添加了空间的层次感。

图3-118 花艺

客厅里的茶几、边桌、角几、电视柜、壁炉等位置都是摆放花艺比较理想的地方。在布置客厅花艺时，不宜选择过于复杂的材料，花材不能太脆弱，持久性要好。供客厅选择的花艺有百合、郁金香、玫瑰等。

图3-119 凳子

红蓝色的凳子，造型出众，形似鼓，跳跃的颜色为客厅增添了生气。

图3-115	图3-116
图3-117	图3-118
图3-119	

本章小结：

风格为统筹家居的整体布局以引领设计的核心走向而存在，当一个家居的风格确定后，所有的家饰必须在这个风格的大框架内予以谐调，才能够呈现出最佳的设计效果。如今备受欢迎的主要软装风格包括新中式、现代简约、新古典、田园、欧式、地中海、东南亚、日式等风格。其他还有工业风、现代前卫、北欧、自然主义、混搭等后起新潮风格。

第四章

软装色彩搭配

识读难度：★★★★☆

核心概念：属性、角色、寓意、配色方案

章节导读：在环境空间设计中不仅要考虑到各种色彩效果给空间塑造带来的限制性，同时也应该充分考虑运用色彩的特性来丰富空间的视觉效果。运用色彩不同的明度、彩度与色相变化来有意识地营造或明亮，或沉静，或热烈，或严肃的不同风格空间效果。世界上没有不好的色彩，只有不恰当的色彩组合。配色要遵循色彩的基本原理，符合规律的色彩才能打动人心，并给人留下深刻的印象。了解色相、明度、纯度、色调等色彩的属性，是掌握色彩原理的第一步。通过对色彩属性的调整，整体配色印象也会发生改变，改变其中某一因素，都会直接影响整体的效果。

第一节 色彩设计基本知识

一、色彩的属性

1. 色相

色相即色彩的相貌和特征，决定了颜色的本质。自然界中色彩的种类很多，如红、橙、黄、绿、青、蓝、紫等，颜色的种类变化就叫色相。一般使用的色相环是12色相环。在色相环上相对的颜色组合称为对比型，如红色与绿色的组合；靠近的颜色称为相似型，如红色与紫色或者与橙色的组合；只用相同色相的配色称为同相型，如红色可通过混入不同分量的白色、黑色或灰色，形成同色相、不同色调的同相型色彩搭配（图4-1～图4-3）。

2. 明度

明度指色彩的亮度或明度。颜色有深浅、明暗的变化。例如，深黄、中黄、淡黄、柠檬黄等黄颜色在明度上就不一样，紫红、深红、玫瑰红、大红、朱红、橘红等红颜色在亮度上也不尽相同。这些颜色在明暗、深浅上的不同变化，就是色彩的明度变化特征。在任何色彩中添加白色，其明度都会升高；添加黑色，其明度会降低。在一个色彩组合中，如果色彩之间的明度差异大，可以达到时尚活力的效果；如果明度差异小，则能达到稳重优雅的效果（图4-4、图4-5）。

图4-1	
图4-2	图4-3
图4-4	图4-5

图4-1 色相

色相包括红色、橙色、黄色、绿色、蓝色、紫色六个种类。其中暖色包括红色、橙色、黄色等，给人温暖、有活力的感觉；冷色包括蓝绿色、蓝色、蓝紫色等，让人有清爽、冷静的感觉。而绿色、紫色则属于冷暖平衡的中性色。

图4-2 相似型配色

相似型配色，青碧色+驼色，冷暖平衡，给人一种温馨的感觉，沙发与装饰画搭配巧妙。

图4-3 对比型配色

对比型配色，橘黄色+黑色，灯光的应用增添了温暖的气氛，厚重的沙发给人踏实的感觉。

图4-4 明度变化表

色彩的明度变化表，色彩中最亮的颜色是白色，最暗的是黑色，其间是灰色。

图4-5 时尚活力感

色彩之间的明度差异较大，如橙色、橘红色、露草色等，具有时尚活力的效果。

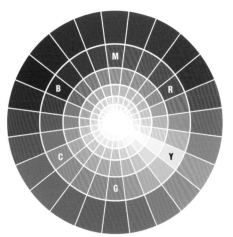

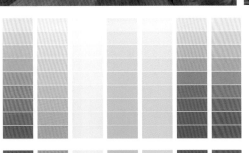

3. 纯度

纯度指色彩的鲜艳程度，也叫饱和度。原色是纯度最高的色彩。颜色混合的次数越多，纯度越低；反之，纯度越高。原色中混入补色，纯度会立即降低、变灰。纯度最低的色彩是黑、白、灰这样的无彩色。纯色因不含任何杂色，饱和或纯粹度最高，因此，任何颜色的纯色均为该色系中纯度最高的（图4-6、图4-7）。

4. 色调

色调是指一幅作品色彩外观的基本倾向，泛指大体的色彩效果。一幅绘画作品虽然用了多种颜色，但总体有一种倾向，偏蓝或偏红，偏暖或偏冷等。这种颜色上的倾向就是一幅绘画的色调。通常可以从色相、明度、冷暖、纯度四个方面来定义一幅作品的色调。软装中的色调可以借助灯光设计来满足不同需求的总体倾向，营造设计要求的情景氛围（图4-8、图4-9）。

二、色彩的角色

1. 主体色

主体色主要是由大型家具或一些大型空间陈设、装饰织物所形成的中等面积的色块。它是配色的中心色，搭配其他颜色通常以此为主。客厅的沙发、餐厅的餐桌等就属于其对应空间里的主体色。主体色的选择通常有两种方式：要产生鲜明、生动的效果，则应选择与背景色或者配角色呈对比的色彩；要整体谐调、稳重，则应选择与背景色、配角色相近的同相色或类似色（图4-10）。

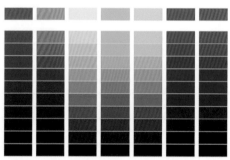

图4-6 纯度变化表

色彩的纯度变化表，纯度高的色彩，给人鲜艳的感觉；纯度低的色彩，给人素雅的感觉。

图4-7 平淡素雅感

浅抹茶色的墙面与箬竹色的花瓶呼应，营造了淡雅的背景，黑茶色家具非常素雅。

图4-8 暖色调

桦茶色的橱柜，枯茶色的餐桌，土色的百叶窗，鹅黄色的墙面瓷砖，整体为暖色调，黄色系。

图4-9 冷色调

灰白色的墙面、象牙色的柜子、青灰色地毯、薄墨色沙发，整体为冷色调，灰色系。

图4-10 主体色

整体给人的感觉便是清新，如山间绿草上的晨露。

主题色为绿色，包括松叶色的窗帘、若草色的墙面、青竹色的床、柳色的沙发。白色作为点缀，中和视觉疲劳。

图4-6
图4-7　图4-8
图4-9　图4-10

图4-11 沙发为主角色

青蓝色的沙发为主角色，为避免厚重，使用薄红梅色的花瓶、蔷薇色和米白色的抱枕做配角色来中和。

图4-12 墙面与床为主角色

白色的墙面与床为主角色，为避免乏味，使用青绿色的毯子与新桥色的抱枕做配角色来搭配。

图4-13 灰白色的墙面作为背景色

灰白色的墙面作为背景色，显得沉稳低调。相应的家具配饰也选择了同一色系，如咖啡色餐桌、褐色隔断等。

图4-14 草色的墙面作为背景色

草色的墙面作为背景色，显得亮丽柔和。床品选择与之相应的水色，深咖色家具作为点缀。

图4-15 青蓝色与姜黄色的抱枕作为白色沙发的点缀

青蓝色与姜黄色的抱枕作为白色沙发的点缀，金茶色的休闲椅与之呼应，增添了活泼感。

图4-16 宝石蓝的抱枕作为灰白色沙发的点缀

宝石蓝的抱枕作为灰白色沙发的点缀，与同一色系的装饰画相呼应，非常和谐。

图4-11	图4-12
图4-13	图4-14
图4-15	图4-16

2. 配角色

配角色视觉的重要性和体积次于主角色，常用于陪衬主角色，使主角色更加突出。通常用于体积较小的家具。例如短沙发、椅子、茶几、床头柜等。合理的配角色能够使空间产生动感，活力倍增。常与主角色保持一定的色彩差异，既能突出主角色，又能丰富空间。但是配角色的面积不能过大，否则就会压过主角色（图4-11、图4-12）。

3. 背景色

背景色通常指墙面、地面、天花、门窗及地毯等大面积的界面色彩。背景色由于其绝对的面积优势，支配着整个空间的效果。而墙面因为处在视线的水平方向上，对效果的影响最大，往往是环境配色首先关注的地方。可以根据想要营造的空间氛围来选择背景色，想要打造自然、田园的效果，应该选用柔和的色调；如果想要活跃、热烈的印象，则应该选择艳丽的背景色（图4-13、图4-14）。

4. 点缀色

点缀色是那种最易于变化的小面积色彩，比如靠垫、灯具、织物、植物花卉、摆设品等。一般会选用高纯度的对比色，用来打破单调的整体效果。虽然点缀色的面积不大，但是在空间里却具有很强的表现力（图4-15、图4-16）。

三、色彩的寓意

色彩不仅使人产生冷暖、轻重、远近、明暗的感觉，而且会引起人们的诸多联想。不同的色彩会令人产生不同的心理感知。一般层面上，每种色彩会给人不同的心理感受和情感反应，反应的不同可能与个人的喜好有关，也可能与文化背景有关。

1. 清爽宜人的蓝色

蓝色象征着永恒，是一种纯净的色彩。每当提到蓝色总会让人联想到海洋、天空、水及浩瀚的宇宙。蓝色在家居装饰中常常是一种地中海风情设计的体现（图4-17）。

2. 清新自然的绿色

绿色是自然界中最常见的颜色。绿色是生命的原色，象征着平静与安全，通常被用来表示生命及生长，代表了健康、活力和对美好未来的追求。绿色的魅力就在于它显示了大自然的灵感，能让人在紧张的生活中得以释放（图4-18、图4-19）。

3. 热烈奔放的红色

红色在所有色系中是最热烈、最积极向上的一种颜色。在中国人的眼中红色代表着醒目、重要、喜庆、激情、斗志。酒红色的醇厚与尊贵给人一种雍容的气度、豪华的感觉，为一些追求华贵的人所偏爱；玫瑰色格调高雅，传达的是一种浪漫情怀，所以这种色彩为大多数女性们所喜爱。粉红色给人以温暖、放松的感觉，适宜在卧室或儿童房里使用。但是居室内红色过多会让眼睛负担过重，产生头晕目眩的感觉（图4-20、图4-21）。

图4-17 清爽宜人的蓝色

整体风格偏向新古典主义风格。采用了大面积的深蓝色，让人感受到幽静深远。

整体颜色较为厚重，深色系较多，与古典风格的厚重文艺风相匹配。

图4-18 清新自然的绿色

深绿色的墙面，搭配芥子色的瓷砖，有一种静静的深沉之美，简约而不失内涵。

图4-19 白绿相间的窗帘

浅绿色的墙面非常清新，搭配深绿色的装饰画，白绿相间的窗帘，营造了生意盎然的感觉。

图4-17

图4-18 | 图4-19

图4-20 热烈奔放的红色

红绯色装饰了墙面的上半部分，为避免视觉疲劳，下半部分采用白色的瓷砖来中和，给人一种热情的感觉。

图4-21 温馨感

绯色的墙面与吊顶，加上暖黄色的灯光，营造了一种温馨的感觉，能让人扫除一天的疲意。

图4-22 欢乐明快的橙色

整体风格偏向欧式风格。橙色的墙面及瓷砖，给人洋洋暖意、非常舒适之感。

此外，加上黑白花纹沙发的点缀，具有个性又不会唐突。

图4-23 充满活力的黄色

向日葵色的墙面非常温馨与床头的秋季丰收画面契合自然，搭配米白色的床品和沙发刚刚好。

图4-24 温柔的特性

此处的黄色主要靠暖色灯光来营造，大型的吸顶灯洒下暖暖的阳光，灯下绿植正在茁壮成长。

图4-20	图4-21
图4-22	
图4-23	图4-24

4. 欢乐明快的橙色

橙色是红、黄两色结合产生的一种颜色，因此，橙色也具有两种颜色的象征含义。橙色是一个欢快而运动的颜色，具有明亮、华丽、健康、兴奋、温暖、欢乐、辉煌，以及容易动人的色感（图4-22）。

5. 充满活力的黄色

黄色是三原色之一，给人轻快、充满希望和活力的感觉。黄色总是与金色、太阳等事物联系在一起。许多春天开放的花都是黄色的，因此黄色也象征新生。水果黄带着温柔的特性；牛油黄散发着一股原动力；而金黄色又带来温暖（图4-23、图4-24）。

图4-25 神秘浪漫的紫色

整体风格偏向东南亚风情。灰紫色的房顶，营造深沉的氛围。藤紫色的床品与菖蒲色的抱枕，颜色深浅适中，整体色系非常和谐，与深蓝色的床帘搭配浑然一体。

图4-26 富丽堂皇的金色

金色给人富丽堂皇的感觉，比较适合开阔的房间。金色的吊顶及墙面，结合水晶吊灯将华丽发挥到极致。

图4-27 浅金色的墙面

金色有时也可以搭配得非常娴静，但整体色彩的纯度相对较低。浅金色的墙面与装饰品，与白色搭配显得简洁干净。

图4-28 优雅厚重的咖啡色

此处的咖啡色深浅不一，主要表现在浅咖色的墙纸和窗帘，深咖色的床架和梳妆台上。

图4-29 镂空设计

封闭的空间将深咖色的木板做了镂空的设计，使得空间变得不那么压抑，绿植也更加动人。

图4-25	
图4-26	图4-27
图4-28	图4-29

6. 神秘浪漫的紫色

紫色是由温暖的红色和冷静的蓝色化合而成，是极佳的刺激色。紫色永远是浪漫、梦幻、神秘、优雅、高贵的代名词，它独特的魅力、典雅的气质吸引了无数人的目光。与紫色相近的是蓝色和红色，一般浅紫色搭配纯白色、米黄色、象牙白色；深紫色搭配黑色、藏青色会显得比较稳重，有精干感（图4-25）。

7. 富丽堂皇的金色

金色熠熠生辉，显现了大胆和张扬的个性，在简洁的白色衬映下，视觉会很干净。但金色是较容易反射光线的颜色之一，金光闪闪的环境对人的视线伤害最大，容易使人神经高度紧张，不易放松（图4-26、图4-27）。

8. 优雅厚重的咖啡色

咖啡色属于中性暖色色调，优雅、朴素，庄重而不失雅致。它摒弃了黄金色给人的俗气感，以及象牙白色带来的单调和平庸之感（图4-28、图4-29）。

9. 现代简约的黑白色

黑、白色被称为"无形色"，也可称为"中性色"，属于非彩色的搭配。黑白色是最基本和简单的搭配，灰色属于万能色，可以和任何彩色搭配，也可以帮助两种对立的色彩和谐过渡（图4-30、图4-31）。

第二节 灵活运用色彩

一、色彩组合

色彩效果取决于不同颜色之间的相互关系，同一颜色在不同背景条件下可以迥然不同，这是色彩所特有的敏感性和依存性，因此如何处理好色彩之间的谐调关系，就成为配色的关键问题。

1. 同色系组合

同一色相不同纯度的色彩组合，称为同色系组合。在空间配置中，同色系搭配是最安全也是接受度最高的搭配方式。同色系中的深浅变化及其呈现的空间景深与层次，让空间整体尽显和谐一致的融合之美。相近色彩的组合可以创造一个平静、舒适的环境，但这并不意味着在同色系组合中不采用其他的颜色。应该注意过分强调单一色调的谐调而缺少必要的点缀，很容易让人产生疲劳感（图4-32）。

图4-30 现代简约的黑白色

白色的墙面干净整洁，黑色的餐桌用白色几何线条装饰，具有设计感。黑色的相框和灯具整体风格一致。

图4-31 黑白条纹的沙发

黑白条纹的沙发使得黑白搭配具有了新的创意，灰白色的墙面和银色的落地灯中和了黑白色调的乏味，增添了新意。

图4-32 同色系组合

高明度+高纯度的色彩，散发奢华魅力。这种搭配在同色系中难度较大，要找准色彩倾向，还要考虑人对色彩的感知度，尤其是人对冷色系列色彩的感知度较弱，因此可以在明度上加以变化，适当搭配一些偏暖的色彩，如浅米黄色。最关键的是要将色彩分配拉开，而不是集中在一起。

图4-30 ｜ 图4-31
图4-32

图4-33 图4-34
图4-35 图4-36

图4-33 邻近色组合

在白色的家居基调上，选择湛蓝色沙发搭配浅蓝色吊顶，具有统一和谐的感觉。

图4-34 文艺气息

在咖啡色地板及墙面的基调上，选择赤茶色沙发搭配褐色书柜和胭脂色地毯，文艺气息浓厚。

图4-35 对比色组合

青绿色碎花墙纸搭配栗色复古瓷砖，具有地中海风情。白色与栗色结合的浴缸为点睛之笔。

图4-36 少女气息

粉红色的床帘搭配赤紫色墙面，巧妙避过廉价风味，少女气息扑面而来。

★ 小贴士

华丽色与朴素色

华丽和朴素是因彩度和明度不同而具有感情的，像纯色那样彩度高的色或明度高的色，给人以华丽感，冷的具有朴素感，白、金、银色有华丽感，而黑色按使用情况有时产生华丽感，有时则产生朴素感。

2. 邻近色组合

邻近色组合是最容易运用的一种色彩方案，也是目前最大众化和深受人们喜爱的一种色调。这种方案只用两三种在色环上互相接近的颜色，它们之间又是以一种为主，另几种为辅，如黄与绿、黄与橙、红与紫等。一方面要把握好两种色彩的和谐，另一方面又要使用两种颜色在纯度和明度上有区别，使之互相融合（图4-33、图4-34）。

3. 对比色组合

对比色如红色和绿色、黄色和蓝色等，如果想要表达开放、有力、自信、坚决、活力、动感、年轻、刺激、饱满、华美、明朗、醒目之类的空间设计主题，可以运用对比型配色。对比型配色的实质就是冷色与暖色的对比，一般在150°～180°之间的配色视觉效果较为强烈。在同一空间，对比色能制造有冲击力的效果，让房间个性更明朗，但不宜大面积同时使用（图4-35、图4-36）。

图4-37 田园风

整体风格偏向田园风，房间独具个性。

白色墙面作为基调，小面积的宝蓝色橱柜点缀其中，青绿色的餐桌椅与之产生对比。蓝白格子的桌布与绿色小盆栽的碰撞可爱之极。

图4-38 互补色组合

群青色天花板与淡黄色沙发的互补色组合非常柔和，并采用了灰白色进行平衡，比例适当。

图4-39 KTV

对比强烈的色彩常在KTV等娱乐空间使用，紫色、黄色、绿色、蓝色之间的互动非常吸引人的眼球。

图4-40 双重互补色组合

湖蓝色墙面与鹅黄色吊顶的互补是一组，小面积的紫色抱枕与青绿色窗帘为另一组互补色。其他小装饰品也采用了相同色系的色彩，因此避免了繁缛混乱。

整体颜色的纯度比较统一，看起来充满了趣味，非常和谐。

图4-41 无彩系组合

黑色的餐桌、沙发、橱柜，白色的茶几，墙面添加了两个黄色的小抱枕和水果盘，给人视觉上的跳跃感。

图4-42 简约味道

大面积的黑色墙壁，灰色的地毯，带有简约味道。夺人眼球的红色沙发与黑色产生了鲜明的对比。

图4-37	图4-38
图4-39	图4-40
图4-41	图4-42

4. 互补色组合

使用色差最大的两个对比色相进行的色彩搭配，可以让人印象深刻。由于互补色彩之间的对比相当强烈，因此想要适当地运用互补色，必须特别慎重考虑色彩彼此间的比例问题。因此当使用互补色配色时，必须利用一种大面积的颜色与另一种较小面积的互补色来达到平衡。如果两种色彩所占的比例相同，那么对比会显得过于强烈（图4-37~图4-39）。

5. 双重互补色组合

双重互补色调有两组对比色同时运用，采用四个颜色，对房间来说可能会造成混乱，但也可以通过一定的技巧进行组合尝试，使其达到多样化的效果。对大面积的房间来说，为增加其色彩变化，是一个很好的选择。使用时也应注意两种对比中应有主次，对小房间说来更应把其中之一作为重点处理（图4-40）。

6. 无彩系组合

黑、白、灰、金、银五个中性色是无彩色，主要用于调和色彩搭配，突出其他颜色。其中金、银色是可以陪衬任何颜色的百搭色，当然金色不含黄色，银色不含灰白色。有彩色是活跃的，而无彩色则是平稳的，这两类色彩搭配在一起，可以取得很好的效果。在空间装饰中黑、白、灰颜色的物品并不少，将它们与彩色物品摆在一起别有一番情趣，并具有现代感。在无彩色中只有白色可大面积使用，黑色只有小面积使用于高彩度之间，才会显得跳跃和夺目，取得非同凡响的效果（图4-41、图4-42）。

二、色彩搭配与运用

1. 装饰常用配色方法

（1）色彩搭配黄金法则。家居色彩黄金比例为6：3：1，其中"6"为背景色，包括基本墙、地、顶的颜色；"3"为搭配色，包括家具的基本色系等；"1"为点缀色，包括装饰品的颜色等。这种搭配比例可以使家中的色彩丰富，但又不显得杂乱，主次分明，主题突出。在设计和方案实施的过程中，空间配色最好不要超过三种色彩（图4-43、图4-44）。

★ 补充要点

软装色彩搭配窍门

世界上有无数种色彩，色彩搭配的方法亦有无数种。细心观察，便可找到更多专属自己的色彩搭配方法。日本一位设计师曾经提出75%、25%与5%的配色比例方式，其中的底色为大面积使用的底色，而主色与强调色则可以利用互补色的特性（图4-45、图4-46）。

（2）确定一个色彩印象为主导。对一个房间进行配色，通常以一个色彩印象为主导，空间中的大色面色彩从这个色彩印象中提取，但并不意味着房间内的所有颜色都要完全照此来进行（图4-47、图4-48）。

<table>
<tr><td>图4-43</td><td colspan="2"></td></tr>
<tr><td rowspan="2">图4-44</td><td>图4-45</td></tr>
<tr><td>图4-46</td></tr>
<tr><td>图4-47</td><td>图4-48</td></tr>
</table>

图4-43 空间配色方案顺序

图4-44 色彩搭配黄金法则

银桦色作为背景色囊括了墙面、地板和房顶，占比例6。白色作为搭配色包含了所有的家具，占比例3，青绿色沙发凳和绿植作为点缀色，占比例1。

整体色系简单干净，营造出大气奢华、十分瞩目的效果。

图4-45 75%、25%与5%的配色比例方式

一般情况下建议画面或空间的色彩不宜超过3种色相，比如祖母绿与抹茶绿可以视为一种色相。按照色彩规律，颜色用得越少越好。

图4-46 整体配色比例

如果使用三色色彩搭配的方式，就必须从现有的色彩分配中做切割，以避免影响整体配色比例。

图4-47 深色系的基调

大面积的咖啡色墙壁，以及浅咖色的地板，奠定了深色系的基调，由此床品选择了灰色系。

图4-48 素色的基调

白色的墙壁代表了简约的风格，床品也选择了素色进行搭配，墙上的绿色彩绘与椅子呼应。

硬装　家具　灯具　窗帘　地毯　床品　花艺　饰品

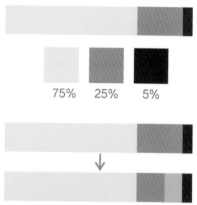

图4-49 适当运用对比色

宝蓝色与正红色的碰撞非常有趣，给人活泼的感觉。但宝蓝色只是小面积地应用在门窗上，红色则更小地应用在柜子的背板上。再加上白色的调和，整体感觉清新自然，给人舒心的感觉。

图4-50 色彩混搭

丁香色的帘子用来制造浴室浪漫温馨的气氛，碧绿色的墙壁作为背景，其他黄色、红色、蓝色作为混搭装饰，非常和谐。

图4-51 过渡色

墨绿色的床头加上红白条纹的墙壁，深浅不一，契合完美。搭配白色床品，蓝色抱枕。颜色混搭别具一格，条纹也并不显得突兀。

图4-52 配色建议

图4-49	
图4-50	图4-51
图4-52	

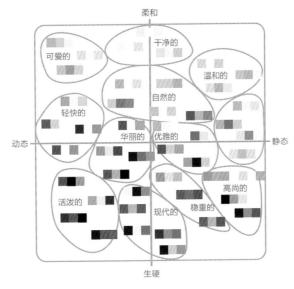

1.红色配白色、黑色、蓝灰色、米色、灰色。
2.咖啡色配米色、鹅黄、砖红、蓝绿色、黑色。
3.黄色配紫色、蓝色、白色、咖啡色、黑色。
4.绿色配白色、米色、黑色、暗紫色、灰褐色、灰棕色。
5.蓝色配白色、粉蓝色、酱红色、金色、银色、橄榄绿、橙色、黄色。

（3）适当运用对比色。适当选择某些强烈的对比色，以强调和点缀环境的色彩效果。但是对比色的选用应避免太杂，一般在一个空间里选用两至三种主要颜色对比组合为宜（图4-49）。

（4）色彩混搭。虽然在家居装饰中常常会强调，同一空间中最好不要超过三种颜色，色彩搭配不谐调容易让人产生不舒服的感觉。但是，三种颜色显然无法满足一部分个性达人的需要，混搭太容易审美疲劳了。色彩混搭秘诀就在于掌握好色调的变化，两种颜色对比非常强烈时通常需要一个过渡色（图4-50～图4-52）。

图4-53 白色起到调和作用

墙壁的黑色曲折线条及黑白马赛克瓷砖并没有使房间变得过于凌乱，大面积的白色解决了这个问题。

图4-54 弱化凌乱感

整体的软装搭配带有一丝中式风格，不论是花纹还是条纹都在白色的基调上发挥恰当，并没有让人觉得紊乱，而是给人娴静淡雅的感觉。

图4-55 调整过大或过小的空间

图4-56 调整过大或过小的进深

整体的房间家具尺寸比较大，占用的面积也比较多，使用灰色系让整个房间变得宽阔了许多。

图4-57 花朵墙绘

房间内部家具较少，为避免产生冷清感，添加了花朵墙绘，米色系的应用增添了温馨感。

图4-53	图4-54
图4-55	
图4-56	图4-57

（5）调和作用。白色是和谐万能色，如果同一个空间里各种颜色都很抢眼，互不相让，可以加入白色进行调和。白色可以让所有颜色都冷静下来，同时提高亮度，让空间显得更加开阔，从而弱化凌乱感（图4-53、图4-54）。

2. 利用色彩调整空间缺陷

对不同的色彩，人们的视觉感受是不同的。充分利用色彩的调节作用，可以重新塑造空间，弥补居室的某些缺陷。

（1）调整过大或过小的空间。深色和暖色可以让大空间显得温暖、舒适。强烈、显眼的点缀色适用于大空间的墙面，用以制造视觉焦点，如独特的墙纸或手绘。但要尽量避免让同色的装饰物分散在空间内的各个角落，这样会使大空间显得更加扩散，缺乏重心，将近似色的装饰物集中陈设便会让空间聚焦（图4-55）。

（2）调整过大或过小的进深。纯度高、明度低、暖色相的色彩看上去有向前的感觉，被称为前进色；反之，纯度低、明度高、冷色相被称为后褪色。如果空间空旷，可采用前进色处理墙面；如果空间狭窄，可采用后褪色处理墙面（图4-56、图4-57）。

（3）调整过高或过低的空间。深色给人下坠感，浅色给人上升感。同纯度同明度的情况下，暖色较轻，冷色较重。空间过高时，可用较墙面温暖、浓重的色彩来装饰顶面。但必须注意色彩不要太暗，以免使顶面与墙面形成太强烈的对比，使人有塌顶的错觉；空间较低时，顶面最好采用白色，或比墙面淡的色彩，地面采用重色（图4-58、图4-59）。

第三节　国际色彩趋势

一、千禧粉

如果说，有哪种颜色能让如今的年轻人为之沉醉，那么"千禧粉"一定值得一提，即使你对这个名字并不熟悉，但也肯定感受过某个时刻被它刷屏的震撼。从服装、食品包装、文具、化妆品，再到各种家居用品，乃至整栋建筑的外墙，几乎都有它的身影（图4-60～图4-66）。

图4-58 浅色给人上升感

欧式风格大多采用浅色系来装饰天花板，显出上升感，给人大气宽阔的感觉。

图4-59 深色给人下坠感

东南亚风格本就多采用自然材料来装饰，深色的天花板与地面呼应，居室空间显得牢固密切。

图4-60 千禧粉

千禧粉并不是特定的一种颜色，而是一系列粉色的总称。

灰调玫瑰、裸桃、暗杏色和带点西柚色倾向的粉等，都可称为千禧粉，并具有复古气息。

图4-61 梅子色的绒布沙发

梅子色的绒布沙发是整片桃色墙面、桌子包围中的一抹亮色。

图4-62 甜美感

粉嫩的色彩仿佛将整个居室空间融化了一般，带有少女的梦幻与甜美。

图4-58	图4-59
图4-60	
图4-61	图4-62

图4-63 粉色、白色和金色的搭配

粉色、白色和金色的搭配随着主要的几何形状和复古的镜子呈现出完美的粉色空间。

图4-64 艺术建筑

极少的几何结构结合较高的色彩饱和度，使得这个空间看起来更像是艺术建筑而不是住宅，几何结构和色彩让空间更像是虚拟的艺术馆。

图4-65 中性清冷的色调

略带中性清冷的色调，跟黑白灰、其他的粉色搭配和谐。整个空间看起来干净、舒适。

图4-66 收敛的粉色系色调

比较收敛的粉色系色调，结合稍具工业风的室内装饰，柔化了整个空间氛围。刚强中不失柔和，化解了家具的坚硬感。

图4-67 枫叶红

红色波长最长，是彩虹最顶端的颜色，也是黄昏时最先看不见的颜色。因此红色也具有了朝气、积极向上的一种情感，业主年纪偏高的时候就可以考虑酌情使用一些红色在设计中。

图4-63	图4-64
图4-65	图4-66
图4-67	

二、枫叶红

提到暖色，最佳代表就当属红色了，在清冷的秋冬季，它的热情最容易吸引人。红色是一种较具刺激性的颜色，它给人以燃烧和热情感，但这不是它受人喜欢的唯一原因。每年的流行色里最让人震撼的就是红色，无论是石榴红、学院红、中国红，总是很容易从其他颜色中跳脱出来，引起注意。红色不只有大红一种，人们喜欢它的原因是因为它多变：大红热情、深红稳重、粉红梦幻、酒红优雅、桃红明亮、紫红温雅。多变的气质让人对它爱得深沉，无法自拔（图4-67～图4-69）。

三、暖木棕

暖木棕与我们常规理解的木和棕都没有很大的关系，其内涵是因为它从自然中提取，散发出随性、中和及优雅的气质，可以让人的眼睛很舒适和愉悦，同时又给居室带来沉稳和不俗的装饰氛围。暖木棕色具备温和、包容性强等特质，色调冷暖均衡，带有温和的灰度，具有很强的百搭性，非常适合家居使用（图4-70、图4-71）。

暖木棕色来源于大自然，最初是木材在自然环境中生长、成熟、腐烂、变质等一系列过程中形成千变万化的色彩。这些色彩虽然多样，但是万变不离其宗，都具有米黄色原始木纹的特征。

在软装搭配设计时，可以选用颜料来预先表现出色彩，甚至可以画在纸上，不断调色、配色，最终达到符合室内软装陈设设计需要的色彩品种。暖木棕色中以暖色为主，同时可以兼顾少许冷色，如绿色、蓝色，这些冷色要不断加白来提高明度，让色彩倾向显得粉气十足（图4-72）。

图4-68	图4-69
图4-70	图4-71
图4-72	

图4-68 奢华枫叶红

枫叶红是时下最流行的色彩之一，它比中国红少了一份耀眼张扬，却比少女粉多了一份成熟的韵味。在家居中运用枫叶红可轻易达到尊贵优雅的格调，营造摩登复古的感觉。

图4-69 古典中国红

中国红作为背景色，吸纳了朝阳最富生命力的元素。在家居的色彩搭配中与海军蓝、油绿色、墨玉色等冷色组合，一动一静，产生奇妙的空间氛围。

图4-70 暖木棕与粉灰色

自然的光线洒满了整个房间，亚麻与绵质带有纯粹质朴的动人气质，冷色调的蓝色对空间是一个很好的平衡。中性色与青蓝色则让整个空间有了很好的情感连接。不论是深沉，或是明亮大胆的色调，皆能与优雅的暖木棕色呈现完美结合，勾勒出一种宁静又疗愈的空间美学意境。

图4-71 冷色调的蓝色

淡雅轻松的暖木棕与粉灰色营造一个自然、轻松的家居环境，建立与自然的连接，享受自然色彩带来的舒适。

图4-72 暖木棕系列

暖木棕色不能大面积使用，应当在局部点缀，否则会让人感到乏力，没有生活和工作的激情，因此在软装陈设品中，这类颜色可用于沙发抱枕、小块地毯、茶几台布等。

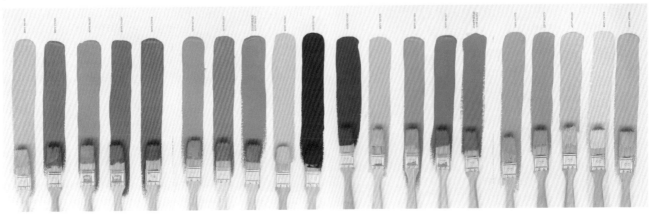

四、祖母绿

绿色，是芳草碧连天的诗意，是山水草木的清新，是时尚，更是舒适。凭借着高舒适度与百变的风格，绿色在软装的世界任性地勾画、渲染多面的惊艳。城市生活喧嚣嘈杂，大自然让人无尽向往。而绿色总能为这个基地的空间营造出清新自然的氛围，无论是绿色的墙、原木的桌椅，还是绿色的椅子、原木色的墙面，两者搭配起来总能产生很好的效果（图4-73～图4-75）。

设计中我们应用的绿色有很多，它并不能代替植物的绿色，尤其大面积的绿色反而让人难以集中精神，降低学习与工作效率，所以要注意书房、办公室等环境并不适合用绿色做主色调去装饰（图4-76～图4-79）。

军绿色　清新翡翠色　大理石绿　硫磺绿　海带绿　深丛林绿　气泡绿　台球绿

图4-78 碧绿

大面积的黑白线条壁纸装饰大胆而又美观。强调出一种明晰的理性美。抽象的壁画则尽显现代时尚气息。

图4-79 复古绿

整体软装色调以复古绿为主题，使用绿色与格子面料结合具有年代感格子毛呢，搭配轻奢水晶灯的廓型，点缀古铜金色饰品，令人迷醉英式的优雅奢华，又带着点沉稳的英国绅士感。

图4-80 红色吊灯

图4-81 紫色窗帘

客厅的装饰以绿色和紫红色为主，抱枕和桌布色彩极为丰富，并与窗帘互相呼应。增加绿植和木质椅子的搭配，让空间呈现层次感，呈现了鲜活而静谧的东南亚印象。

图4-82 书房鲜艳跳跃的色彩

东南亚风格是典型的热带装饰风格，书房鲜艳跳跃的色彩也抵挡不住天然材料家具所带来的清雅氛围。东南亚地区宗教盛行，佛像或一些宗教物品摆件置于各个角落，带来了如寺庙一般的神圣安宁。

一顶红色的吊灯作为点缀，使得卧室简单却不单调。

深紫色帷幔在东南亚风格中为常客，经常营造出神秘浪漫的氛围。

家具具有浓厚的古朴气息，床品的花纹与墨绿色抱枕撞色巧妙，营造了温馨舒适的氛围。

图4-78	图4-79
图4-80	
图4-81	图4-82

第四节 案例解析——撞色神秘感空间

东南亚风格家居，以其丰富鲜艳的色彩搭配，深受众人喜爱。色彩的碰撞，在一定的尺度内给人最大的视觉享受。软装饰设计在家居装修中至关重要。在一个空间里，首先必须满足功能上的要求，同时又要追求美观，保障安全。室内用品要满足使用功能、安全系数及美观效果的要求。这些用品必须根据其价值、使用功效以及主人生活需求的特点来确定大小规格、色彩造型、放置位置及同整个家居空间的关系比例、谐调程度等，这些均需在装修施工前考虑（图4-80～图4-86）。

图4-83 深绿色的墙面

深绿色的墙面作为基调，配合石纹的地面在家的入口处营造了一条幽静的通道。在东南亚风格中暖色光源可以带来寺庙中的环境氛围。射灯的光洒在佛像画上，再添加一盆鲜活的绿植，玄关处祥和又不失活力。

图4-84 鲜活的绿植

收纳柜用天然木材所制，瓷瓶与绿植的配合非常和谐，凸显了东南亚风格崇尚自然的特色。

图4-85 金黄色橱柜门

图4-86 绿色瓷砖

墙面的绿色瓷砖与实木的浴盆，以及墙角的绿植，使得卫生间充满了自然特色。若是配以布艺窗帘会显得不融洽，而黑色百叶窗的配合，保留了卫生间的原有氛围。

图4-83	图4-84
图4-85	图4-86

厨房的设计极为简单，仍然是利用极具自然特性的绿色瓷砖装饰墙面。

橱柜选择实木材料，配合金黄色的玻璃门，乏味的厨房也添加了趣味。

本章小结：

建议在居室内的色彩构成中一定不要超过三个色彩框架，而这三个色彩框架要按照6：3：1的原则进行色彩的比重分配，这样会得到一个比较合适的效果。比如室内空间中，墙面可以使用60%的主色彩，家居、床品、窗帘可以使用30%的次要色彩，剩下10%的点缀色就是一些工艺品、艺术品、饰品及花艺等的颜色。虽然点缀色是占比最少的，但是它往往会起到最重要的强调作用。

第五章

家具摆设

识读难度：★★★★★

核心概念：住宅空间、办公空间、商业空间、庭院景观

章节导读：家具多指衣橱、桌子、床、沙发等大件物品，家具既是物质产品，又是艺术创作。家具是由材料、结构、外观形式和功能四种因素组成，其中功能是先导，是推动家具发展的动力，结构是主干，是实现功能的基础。由于家具是为了满足人们一定的物质需求和使用目的而设计与制作的，因此家具还具有材料和外观形式方面的因素。这四种因素互相联系，又互相制约。

第一节　住宅空间家具

一、门厅玄关

如果说玄关是一件摆设，倒不如说它是一种文化。它是给人第一印象的地方，反映文化气质的"脸面"。玄关在大户型面积的房子里，通常叫玄关，而在小户型里，就是一个简单的进门地方，可能就是一个鞋柜和一块防滑毯而已。随着现代装饰的产品越来越丰富，设计越来越多样，无论是大小户型，玄关的设计变得充满了审美和个性的挑战。

门厅家具的摆放既不能妨碍出入通行，又要发挥家具的使用和装饰功能，通常的选择是低柜和长凳。低柜属于收纳型家具，可以放鞋、雨伞和杂物，台面上还可放些钥匙、手机等物品；长凳的主要作用是方便换鞋和休息。鞋柜是门厅玄关家具的首选，布置时有很大的讲究（图5-1～5-4）。

图5-1 玄关设计

精致的装饰画与案几造型相呼应，蓝色瓷瓶的装饰性特别强。

图5-2 古典柜子

充满女性设计感的玄关给人惊艳美，桃红色让玄关以最佳姿态迎接客人们的到来。小范围大胆尝试高调的色彩，不会太过花哨，涂刷墙漆是最省钱也是最简单易行的方法。

图5-3 长椅

玄关设计复古自然，赭石色的艺术漆与拙朴的玄关柜前后呼应。木质的温润质感让人心生暖意。不同的木质可以带来不同的感觉。

图5-4 低柜

在尺度比较大的门厅，对称布局双玄关柜是个不错的选择。简约大方的款式可以增强空间的整体效果，多一倍的饰品让门厅看起来更丰富。

图5-1	图5-2
图5-3	图5-4

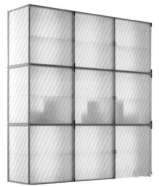

图5-5 抽屉式鞋柜

抽屉式鞋柜，通常有两到三层，每层里面有钢丝作隔离，可放约二十几双鞋。

图5-6 开门式鞋柜

开门式鞋柜，常见的有三开门的、四开门的，这种鞋柜通常有放伞的地方。

图5-7 抽拉式鞋柜

抽拉式鞋柜外表看起来像抽屉式，但不必拖出来放鞋子，只需拉一下就可以。

图5-8 嵌入式鞋柜

嵌入式鞋柜，它结合进门吊顶的设计做出来，不仅美观实用而且大大地节省了室内空间。

图5-9 组合型鞋柜

组合型鞋柜完美地解决了鞋子放不下的问题，想放多少鞋子，就买多少小柜子，随意组合。

图5-10 透明鞋柜

透明鞋柜能在保证鞋子不落灰的同时，又方便查找鞋子，配上灯光很有艺术感。

图5-11 楼梯下鞋柜

玄关空间不够大的时候，摆个鞋柜很压抑，不摆又不方便，不妨利用好楼梯下的空间做个鞋柜。

图5-12 圆形鞋柜

圆形鞋柜可以360°旋转，里面可以摆放不同的鞋子，放置空间可以自由调节。

图5-5	图5-6	图5-7
图5-8		图5-9
图5-10	图5-11	图5-12

1. 鞋柜

市面上常见的鞋柜主要有五种：抽屉式鞋柜、开门式鞋柜、抽拉式鞋柜、嵌入式鞋柜、组合式鞋柜（图5-5～5-12）。鞋柜通常放在门厅的一侧，是进出大门必用的家具，购买时，千万别贪大。鞋柜过高过大，各种鞋子的混杂气味和病菌，更容易对家人的呼吸道器官造成侵害。如果已经买了大鞋柜，扔掉又觉得浪费，可以少放鞋子，将上层空间用于存放其他物品。

图5-13 衣帽架一体的换鞋凳

和衣帽架一体的换鞋凳。凳子下面可做鞋柜，也能加收纳筐收纳衣物。

图5-14 铁艺衣架与换鞋凳结合

铁艺衣架与换鞋凳结合，焊接工艺，金色烤漆，美式风格。挂包挂衣服及其他杂物都可以。

图5-15 儿童一体换鞋凳

儿童一体换鞋凳，采用白蜡木制造，健康环保。充满童趣的造型，可爱之极。

图5-16 独立的带储物换鞋长凳

自带小柜子的换鞋凳，足以收纳玄关的零碎物品。柜子台面还可以做一些装饰陈列。

图5-17 美式乡村风格换鞋长凳

粉嫩的颜色适合美式乡村风格，具备丰富储藏空间的同时，又能装饰家居。

图5-18 四角方凳

四角方凳，实木制作，素色的亚麻材质具有简约风格，小巧的造型非常灵便。

图5-19 小羊坐墩

创意小羊坐凳，白色的造型惹人喜爱，四只凳脚刚好作为小羊的脚，带有储物空间。

图5-20 人体曲线方凳

采用榉木材质，凳面向内凹进去，符合人体曲线，清新亮丽的颜色适合简约风格。

2. 换鞋凳

（1）定制一体化长凳。设计入户玄关，如果空间够大，完全可以用一个有序的方式来组织空间与功能，将鞋柜、长凳、全身镜、挂钩、隔板安排妥帖。风格形态统一，给入户空间毫不松散的凝聚力（图5-13~5-15）。

（2）独立储藏式长凳。单纯且独立的带储物换鞋长凳，也是小空间的上佳之选。将更多的空间留给鞋柜，剩下的空间就可以由它来独立发挥（图5-16、图5-17）。

（3）单独换鞋凳。单独的小凳子在于其灵活性，不必每次都要到固定的位置坐下换鞋，能够随意取拿，闲时也能另作他用，非常方便。其价格也较为低廉，适合玄关空间较小，不适合摆放大型换鞋凳的户型（图5-18~5-20）。

★ 小贴士

门厅与玄关的区别

门厅指的是功能区域，进门的一块空间称为门厅。可以是开放的也可以是封闭的，可以是住宅空间也可以是商业或办公的空间。玄关是从日本传入的说法，一般指的是家居空间。通常不会为全开放格局，会设置视觉隔断或者完全独立空间。

二、客厅

客厅在住宅中当属最主要的空间了，是家庭成员逗留时间最长、最能集中表现家庭物质生活水平和精神风貌的空间，因此，客厅应该是设计与装饰的重点。客厅是家庭成员及外来客人共同活动的空间，在空间条件允许的前提下，需要合理地将会谈、阅读、娱乐等功能区划分开。诸多的家具一般贴墙放置，将个人使用的陈设品转移到各自的房间里，腾出客厅空间用于公共活动（图5-21）。

1. 电视柜

电视柜是客厅观赏率最高的家具，主要分为地台式、地柜式、悬挑式和拼装式几种。

（1）地台式。一般在装饰装修中是现场定制，采用石材制作台柜表面，大气、浑然一体。如果选购就要注意成品家具的长度，不是所有的客厅都适合大体量的地台电视柜。地台电视柜一般没有抽屉，而液晶电视机就挂在墙上面（图5-22）。

（2）地柜式。可以配合客厅中的视听背景墙，既可以安置多种多样的视听器材，还可以将主人的收藏品展示出来，让视听区达到整齐、统一的装饰效果，给客厅增添了一道"风景"。地柜的容量很大，一般配置3～4个抽屉，可以存放很多物品（图5-23～图5-25）。

|图5-21|图5-22|
|图5-23|图5-24|图5-25|

图5-21 客厅

欧式田园风的客厅重在对自然的表现，同时又强调了浪漫与现代流行主义的特点。

欧式客厅非常需要用家具和软装饰来营造整体效果。橡木或枫木家具，色彩鲜艳的布艺沙发，都是欧式客厅里的主角。

图5-22 地台式电视柜

地台式电视柜适合喜欢简约风格的户主采用。

地中海风格很适合大理石台面，整个地台与房梁合为一体，流畅的蓝色线条与条纹沙发相呼应，整体风格清新自然，没有多余的累赘。

图5-23 北欧风情

简单的线条勾勒出家具的华贵感，乳白色烤漆彰显北欧风情。

图5-24 后现代风格

黑色、白色、金色的组合具有后现代风格。

图5-25 中式热情

中式实木电视柜，具有丰富的储物空间。温暖的海棠色，带来中式热情。

（3）悬挑式。需要预制安装，电视柜的安装对墙体结构要求比较高，最好是实体砖砌筑的厚墙，最后要能承载柜体和电视机的压力。悬挑式电视柜下方内侧可以安装发光软管灯带或日光灯管，营造出柔和的光源，呼应电视机屏幕（图5-26、图5-27）。

（4）组合式。按照客厅的大小可以选择一个高柜配一个矮几，或者一个高几配几个矮几，这种高低错落的组合电视柜因其可分可合、造型富于变化，一直走俏国际市场。组合式电视柜让电视机的摆放位置更加丰富多样，很好地满足空间居住者的各种需求，但需要注意的是电视柜和家具产品应配套，并且安装方法应一致。组合式的电视柜，同时还方便平时空间的收纳，可以直接将电视机安装在组合电视柜附带的板上。再搭配摆放些物件，让空间看起来更加美观，使用更便利（图5-28）。

（5）壁挂式。壁挂式电视柜非常小巧轻便，占用的空间较少，能节约出地面空间，显得居室更加开阔（图5-29）。

★ 补充要点

电视柜选购要点

注意客厅的面积大小，根据客厅的户型与面积来设计摆放方式。如果客厅面积大，比较宽敞，板架结构、整面框体墙等形式都是可以的；如果客厅面积比较小，可采用"品"字形组合电视柜。

注意电视柜尺寸大小。电视墙的长宽度、电视机的长宽高，这些尺寸要提前量好，并保证电视摆放的高度。

注意电视柜材料。电视柜的材料五花八门，建议选择散热较好、防火的材质。

注意整体风格。中式风格的客厅，可以选择沉稳复古的电视柜，现代风格的客厅可以选择简约、个性的电视柜。客厅风格和电视柜的风格应该搭配一致。

图5-26 | 图5-27
图5-28 | 图5-29

图5-26 异形电视柜

异形电视柜是居室中一道亮丽的风景，清丽的颜色加上素雅的陶瓷摆件，独具风情。

图5-27 悬挑式电视柜

实木制造，表面采用烤漆工艺。可在柜子上方放置绿植花卉，减少人的视觉疲劳。

图5-28 组合式电视柜

高柜配矮几，加上悬挑的小方柜，储物的功能非常完美，占有的空间刚好适应墙角转折之处。不同规格的柜子可以自由组合，将每寸空间都利用合理。组合家具下方设计成储物功能，将收纳和设计有效结合起来，让物品摆放变得更加有序，空间也更美观。

图5-29 壁挂式电视柜

黑色异形造型，搭配小型绿植，带有现代极简主义风格。明亮立体的线条，打造时尚的家居。环保的实木加上亮光的烤漆，耐用不易掉色。精致的造型感，小巧外形，自己可轻松安装。

图5-30 浅灰色沙发与黑白家具搭配

浅灰色沙发与黑白家具搭配，大面积的深灰色墙面用白色装饰画点缀，呈现出低调的质感。

图5-31 沙发与装饰画搭配

沙发在挑选的时候要注意与周围的装饰品相契合相呼应，否则会显得突兀。淡蓝色的墙面与深蓝色的沙发同属于一个色系，同时沙发与装饰画又相呼应，显得非常和谐。

图5-32 厚实蓬松的坐垫

深蓝色的沙发采用绒布面料，给人温暖的触感，在与蓝色花纹地毯呼应的同时，也采用了姜黄色抱枕做点缀，厚实蓬松的坐垫，给人满满的安全感。

图5-33 蔷薇色的沙发

蔷薇色的沙发给人春天的气息，搭配格纹抱枕，增加了时尚感。高高的靠背搭配弯曲的扶手，带有一丝复古气息，扎实的坐垫可以迅速回弹。

图5-34 简洁的沙发造型

沙发主结构为金属材料，非常牢固。简洁的造型散发着现代简约风格的魅力，橘黄色的抱枕更添风采。

图5-35 敦实的沙发体格

沙发采用棉麻透气面料，高密度海绵填充，给人感觉轻盈舒适。宽厚的扶手，敦实的体格，安全度极高。

图5-30	图5-31
图5-32	图5-33
图5-34	图5-35

2. 沙发

沙发不单纯是供靠坐休息使用，现在已经发展到集使用、健身、观赏为一体的多功能家具。

（1）构造合理。市场上销售的沙发按靠背高矮可分为：低背沙发，靠背高于座面约370mm左右，给腰椎一个支撑点，属休息型轻便椅，方便搬动、占地小；普通沙发，最为常见的是有两个支撑点承托腰椎与胸椎；高背沙发，有三个支点，且三点构成一个曲面（图5-30、图5-31）。

（2）弹性适中，平整柔软，硬度适中。高档沙发多采用尼龙带和蛇簧交叉编织网结构，上面分层铺垫高弹泡沫、喷胶棉和轻体泡沫。中档沙发多以层压纤维为底板，上面分层铺垫中密度泡沫和喷胶棉，坐感与回弹性较前者差（图5-32、图5-33）。

（3）骨架结实可靠。沙发主结构为木质或金属材料，骨架应结实、坚固、平稳、可靠。外露部分通过看、摸来鉴别，内藏部分通过推、摇、晃、坐等动力测试来找感觉。如揭开座下底部一角查看，应该无糟朽、虫蛀，是采用不带树皮或木毛的光洁硬杂木制作，且木料接头处不是用钉子钉接，而是榫卯结合并且用胶粘牢的即为可靠（图5-34、图5-35）。

图5-36 牛皮面料

沙发材质为非洲乌金木，非常的结实，带有自然的纹路。头层牛皮，具有良好的强度。精美的雕工与优美的曲线，湖蓝色沙发给人高贵典雅的感受。

图5-37 混纺材质

沙发面料为混纺材质，祖母绿经久耐脏。经典流线型扶手，尽显优雅。稳固的实木椅脚，给人厚实的依托感。

图5-38 绒布面料

绒布沙发在于其柔和的触感，乳胶填充物增加了其柔韧性。孔雀绿的颜色设计非常时尚。

图5-39 沉稳、深暗色系的木质茶几

环境空间较大，可以配沉稳、深暗色系的木质茶几。

图5-40 钢质小茶几

较小的空间，主人可选择舒适的布艺沙发，配合北欧现代简约风格的塑料材质小茶几、小型玻璃茶几。

图5-36	图5-37	图5-38
图5-39		图5-40

（4）面料美观耐用，合乎使用要求。布艺沙发的面料应较厚实，经纬线细密、平滑、无挑丝、无外露接头，手感紧绷有力。沙发面料可分为国产的与进口的，欧美专业厂家生产的沙发专用面料品质优良，色差极小，色牢度高，织品无纬斜，特别是一些高档面料为提高防污能力，表面还进行了特种处理。进口高档面料还具有抗静电、阻燃等功能。选择面料时缝纫要看针脚是否均匀平直，两手用力拉扯接缝处看是否严密（图5-36～图5-38）。

3. 茶几

很多设计师在选择茶几的时候，只是看到卖场里摆放着好看便选了，却没有想到茶几在生活中的作用。合适的茶几，不仅要款式好看，而且还要与其他家具搭配，并且根据个人的需要来挑选，选购茶几时要注重美感和功能兼备。

（1）空间恰当。茶几的大小选择要看空间的大小，小空间放大茶几，茶几会显得喧宾夺主；大空间放小茶几，茶几会显得无足轻重。在比较小的空间中，可以摆放椭圆形、造型柔和的茶几，或是瘦长的、可移动的简约茶几，而流线型和简约型的茶几能让空间显得轻松而没有局促感（图5-39、图5-40）。

（2）颜色合适。茶几与空间的主色调配搭也十分重要。色彩艳丽的布艺沙

图5-41 自然色系

整体色系为自然色系，茶几的原木色与地毯搭配，其他家具也采用同一色调。

图5-42 功能性茶几

现在很多茶几都设计有好几层的隔板，茶几的顶层可以用来给客人聊天时放茶具或水果盘等，而下几层可放书和其他东西。

多功能茶几犹如变形金刚，各部分都能伸缩或升降，合理运用颜色和形状的设计感，也可以很高端大气。

图5-43 藤制的茶几

藤制的茶几给人清凉的夏日感，用这样编织的茶几装饰自己的家，多了几分朴素的乡村味道，但搭配不同颜色的家具，又不会显得凌乱，反而是一种恰当的调和。

图5-44 实木根雕茶几

实木根雕茶几自然的形态让人感受到大自然的美好，柔和的曲线放在严肃的居室可以缓解气氛，放在简单的居室也将是一个亮点，紧实的材质和光滑的手感看起来很有质感。

图5-41 | 图5-42
图5-43 | 图5-44

发可以搭配暗灰色的磨砂金属茶几，或者是淡色的原木小茶几，而红木和真皮沙发，就需要搭配厚重的木质或者石质的茶几了。金属搭配玻璃材质的茶几能给人以明亮感，有扩大空间的视觉效果，而深色系的木质家具，则适合大型古典空间（图5-41）。

（3）功能完善。茶几除了具有美观装饰的功能外，还要承载茶具、小饰品等，因此，也要注意它的承载功能和收纳功能。若空间较小，则可以考虑购买具有收纳功能或具有展开功能的茶几，并根据主人的需要加以调整（图5-42）。

（4）摆放巧妙。选好了款式，摆在空间中哪个位置也十分重要。茶几的摆放不一定要墨守成规，也就是说，茶几不一定要摆放在沙发前面的正中央处，也可以放在沙发旁或落地窗前，再搭配茶具、灯具、盆栽等装饰，甚至一些带轮子的茶几款式，都可展现另类的设计风格。如果要加强局部的美感，可以在茶几下面铺上小块地毯，然后摆上精巧小盆栽，让茶几成为一个美丽图案（图5-43、图5-44）。

三、儿童房

儿童房间的布置应该是丰富多彩的，针对儿童的性格特点和生理特点，设计的基调应该是简洁明快、生动活泼、富于想象的，为儿童营造一个童话式的意境，使他们在自己的小天地里，更有效地、自由自在地安排课外学习和生活起居。少年儿童对新奇事物有极强的好奇心，在构思上要新奇巧妙、单纯，富有童趣，设计时不要以成年人的意识来主导创意。在色彩上，可以根据不同年龄、性别，采用不同的色调和装饰设计。一般来说，儿童房的色彩应该鲜明、单纯，使用有童趣图案、色彩鲜明的窗帘、床单、被套等（图5-45）。

图5-45 儿童房

为了让儿童尽早养成独立生活与处理问题的能力，儿童房间要营造出温馨的氛围，避免儿童在独处时产生恐惧与不安的心理。

保证充足的照明，摆放一张舒适的床，并搭配儿童喜欢的床上用品与配饰等，让儿童可以获得充分的休息与放松。

儿童房的家具布置，要考虑他们的各个成长阶段，从儿童到青少年时期，在布置时要考虑空间的可变性。作为青少年的房间，要突出表现他们的爱好和个性。增长知识是他们这一阶段的主要任务，良好的学习环境对青少年是十分重要的，书桌、书架是青少年房间的中心区域，在墙上做搁板，是充分利用空间的常用手法，搁板上可摆放工艺品。另外，那些可折叠的床和组合的家具，简洁实用，富有现代气息，所需空间也不大，很适合青少年使用。

★ 小贴士

儿童房家具选购要点

儿童房的家具一般较简单，既不需要很多的使用功能，也没有必要追求华丽的外表和丰富的线脚，而应该在造型及使用的安全性上多加考虑。儿童房要符合他们的身体尺度，写字台前的椅子最好能调节高度，家具棱角也不宜过多，应该尽量采用圆角或平滑曲线。质地坚硬和易碎的材料如钢、玻璃等应尽量少用，以防止儿童碰撞受伤。在家具造型上，要有新颖的构思，鲜明的特征，如把床设计成车船的形状，把衣柜柜门设计成门洞的形状，这些都是很好的想法，比较符合儿童的审美情趣。

1. 床

儿童床要尽量避免出现棱角，边角要采用圆弧收边。边角用手摸起来要光滑、不能有木刺和金属钉头等危险物。小孩子的天性就是好动的，所以要确保床是稳固的，应挑选耐用的、承受破坏力强的床，没有倒塌的危险；还要定期检查床的接合处是否牢固，特别是有金属外框的床，螺丝钉很容易松脱。床应放在安全的地方，为了防止儿童从床与墙壁之间跌落，夹在里面。床头最好顶着墙，如果床是顺墙摆放，床沿与墙壁之间最好不留缝隙。注意床的用料是否环保，用作儿童床的材料主要有木材、人造板、塑料、铝合金等，而原木是制造儿童家具的最佳材料，取材天然而又不会产生对人体有害的化学物质（图5-46～图5-48）。

儿童床的颜色可以根据整个房间的色调来统一，在色彩选择上最好以明亮、轻松、愉悦为选择方向，色泽上不妨多点对比色。例如，绿色能引发他们对大自然的向往，红色会激起孩子的生活热情（图5-49、图5-50）。

2. 书桌

书桌作为儿童房的重要组成部分，在选择时一定要严格要求，材质、安全系数等都要考虑周全。

（1）安全性。选购书桌椅，首先要考虑安全性。书桌椅的线条应圆滑流畅，圆形或弧形收边的最好，另外还要有顺畅的开关和细腻的表面处理。带有锐角和表面坚硬、粗糙的书桌椅都应避免（图5-51）。

（2）环保性。要求环保无异味，表面的涂层应该具有不褪色和不易刮伤的特点，而且一定要选择使用塑料贴面或其他无害涂料的书桌椅，因为孩子经常要接触到这里（图5-52）。

图5-46	图5-47	图5-48
图5-49	图5-50	
图5-51	图5-52	

图5-46 汽车造型

蓝色的车身造型，炫酷的流线设计，两侧加高护栏，以保护孩子安全，适合男童。

图5-47 Hello Kitty造型

粉色的公主床，Hello Kitty的造型，整体房间搭配和谐，适合女童。

图5-48 双层儿童床

双层儿童床，带有滑梯设计，增加了孩子的乐趣，适合家里有两个儿童的情况。

图5-49 鲜艳的色彩

孩子们喜欢热烈、饱满、鲜艳的色彩，男孩的房间中可使用蓝、绿、黄等与自然界植物色彩相接近的配色。

图5-50 柔和色系

女孩的房间可以选择以植物花朵为主色的柔和色系，如浅粉、浅蓝、浅黄等。

图5-51 固定桌椅

桌子、椅子和柜子都被牢固的安装在墙面上，非常安全，露出来的家具也没有尖锐的地方。

图5-52 环保桌椅

塑料桌椅，无异味，脚底防滑稳固。桌角采用圆角设计，防止儿童碰撞。桌腿加厚，非常牢固。整体造型小巧可爱，为儿童身高定制，可爱的黄色与浅粉色和浅蓝色，深受儿童的喜爱。

（3）科学性。选儿童书桌椅，也得选择符合人体工程学原理的，书桌椅的尺寸要与孩子的高度、年龄及体型相结合，这样才有益于他们的健康成长（图5-53、图5-54）。

（4）谐调性。作为儿童房的一部分，书桌椅的选择要和房间风格统一。0~7岁是孩子们创造力发展的巅峰，最好用大胆明亮的色彩激发他们的好奇心和注意力。如果选择可调节的儿童书桌椅，最好选择色彩淡雅些的，因为要陪伴孩子很多年（图5-55、图5-56）。

（5）功能性。如果纯粹选择儿童书桌椅，不要选择造型过于花哨的，一方面是容易过时，另外也容易分散孩子的注意力，使他们不能专注于学习。应选择造型简洁、功能性强的书桌椅（图5-57、图5-58）。

四、书房

书房是居室中私密性较强的空间，是人们基本居住条件中高层次的要求。它给人提供了一个阅读、书写、工作和密谈的空间，虽然功能较为单一，但对环境的要求却很高。首先要安

图5-53 调节功能桌椅

椅子和桌子都带有调节功能，可以适应儿童的身体变化。椅子背部的设计符合儿童腰部和背部的曲线。

图5-54 轻巧的桌板

轻巧的桌板可以随着孩子的需求随意挪动，功能齐全，带有灯架等贴心功能。椅子按照参照人体工程学来设计，减轻孩子学习的乏累。

图5-55 蓝色与原木色搭配

原木色的椅子、深蓝色的柜门与床品搭配，既给人清爽、童趣的感觉，又充满了活力。

图 5-56 粉色与白色的搭配

粉色与白色的搭配非常经典，桌椅造型简单，搭配繁复花纹的地毯，一张一弛，松紧有度。

图5-57 卡通造型

防水无异味，可爱的卡通造型让孩子无法抵抗。桌子采用了符合人体习惯的曲线设计，造型简洁。

图5-58 卡通动物耳朵

实木的桌椅因其材质的坚韧比较耐用，凳子的卡通动物耳朵惹人喜爱，简单的木桌就能满足孩子的基本需求。

图5-53	图5-54
图5-55	图5-56
图5-57	图5-58

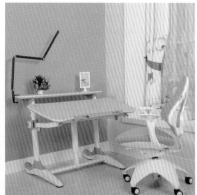

图5-59 书房

书房区域需要的家具主要有：书柜、座椅、电脑桌或者写字台等。

在这些家具的造型及它们的色彩上争取选择成套的家具，可以很好地营造出一种学习及工作的氛围。

图5-60 L形的书桌

L形的书桌适应任何角落及过道，只要有墙面，搭上搁架就会是很不错的书房工作区域。此款橡木材质，经久耐用，颜色清丽，非常百搭。

图5-61 北欧铁艺风格的黑色书桌

北欧铁艺风格的黑色书桌，搭配同系列的椅子和置物架，风格得到了统一。

图5-59	
图5-60	图5-61

静，其次要有良好的采光和视觉环境，使人能保持轻松愉快的心情。书房中的主要家具是写字台、办公椅、书橱和书架（图5-59）。

1. 写字台

写字台即书桌，如有条件最好呈L形布局，这样不仅扩大了工作面，利于堆放各种资料，还能产生一种半包围的形态，使学习区更加幽静。这种L形的写字台还可用于放置电脑，不影响书写，较为实用。一般写字台都靠窗摆放，且习惯把写字台平放在窗台下，以取得较好的采光效果，其实这样设计并不科学。最好将写字台的左侧面靠窗，这样光线就从书写者的左上方照射下来，不会因右手书写而遮挡光线（图5-60、图5-61）。

2. 书架

书架的放置并没有一定的准则，非固定式书架只要在取书方便的场所都可放置；人墙式或吊柜式书架，如果空间利用较好，也可以与音响装置等组合使用；半身书架靠墙放置时，空出的上半部分墙壁可以配合壁挂等装饰品一起布置；落地式大书架，有时可兼作隔断使用，因为摆满书的书架其隔音性能并不亚于一般砖墙；存放珍贵书籍的书橱应安装玻璃门，可以是推拉式，也可平开式，这应视书房面积大小而定（图5-62、图5-63）。

图5-62 铁艺书架

铁艺书架兼具实用与装饰功能。既可以放书，也能摆放装饰品，线条细腻，带有北欧风格。

图5-63 树形书架

树形书架造型非常时尚，三脚架设计加强稳定性。自由组合时，可根据书的数量增加书架大小。

图5-64 大型书橱

宽广的落地窗旁就摆放着大型的书橱，储物功能非常强大，看书闲暇之余，眺望窗外可消除疲劳。

图5-65 黑漆铁艺与原木的结合

常用的黑漆铁艺与原木的结合，散发着北欧简约魅力。隔板分隔恰当，两边可摆放绿植增强装饰性，而中间可以随意放书。

图5-62	图5-63
图5-64	图5-65

书橱和书架设计不宜过宽，否则放一排书浪费空间，放两排使用起来又不方便，不易抽取。书橱和书架的搁板要有一定的强度，以防书的重量过大，造成搁板弯曲变形。书橱旁边可摆放一张软椅或沙发，用壁灯或落地灯作照明光源，这样人可以随时坐下阅读、休息。休息沙发一般放在入门的一侧，面向窗户最好。在学习、工作疲劳时，可以抬头眺望窗外，有利于消除工作时给眼睛带来的疲劳感（图5-64、图5-65）。

五、卧室

卧室是完全属于使用者的私密空间，纯粹的卧室是睡眠和更衣的空间，由于每个人的生活习惯不同，读书、看报、看电视、上网、健身、喝茶等行为都要在这里做尽量地完善。主卧室是睡眠、休息的空间，在装饰设计上要体现生活的需求和个性，高度的私密性和安全感也是主卧室布置的基本要求。主卧室要能创造出温馨气氛和优美格调，使生活能在愉快的环境中获得身心满足，家具以简洁、适用、和谐为原则（图5-66）。

1. 床架

床不仅能消除人的疲倦，而且好的床垫搭配优质的床架，才能将床垫的功能完美发挥出来。

（1）木质床架。木质床架取材大自然，透气性极佳，让人倍感舒适温馨，睡在这样的床上，仿佛有种与自然亲密接触的感觉。在木材的选择上又可以分为软木和硬木，硬木密度紧、质地重、色泽较深重，是适合长期使用的优良材料；而软木则由于色泽淡雅舒适，符合现代人的审美观，成为时代的新宠（图5-67～图5-69）。

（2）铜制床架。铜制床架以其金碧辉煌的外表，华丽的装饰和繁复的工艺，深受广大消费者的喜爱，在市场上曾经一度走红。但近年来，随着简约主义和自然风格大行其道，渐有江河日下之感（图5-70）。

图5-66 卧室

床头创造出了视觉中心，其他皆围绕此做搭配。灰色床垫，纯白色床品，简约的床头柜及装饰画都透露出居室的静谧氛围。造型时尚的黑色椅子作为点缀非常恰当。

图5-67 可折叠床架

木制床架与卧室中其他家具搭配，在整体上能够产生谐调与柔和之美。此款可折叠的床架非常便捷。

图5-68 储物功能床架

胡桃木材质，纹理清晰美观。整体造型简约时尚，给人稳重的感觉。配有抽屉，储物功能完备。

图5-69 新古典风味床架

头层牛皮与橡胶木结合，搭配精致雕花与优美曲线，带有新古典风味。

图5-70 铜制床架

铜床一般在金属表面做一层保护膜，以免氧化变黑。

铜床的优点在于弯曲性强，可以有多样的造型变化，满足人们的不同要求。

图5-66		
图5-67	图5-68	图5-69
图5-70		

（3）锻铁床架。锻铁床架由于其散发出一种古典韵味，越来越受到一些时尚客户的喜爱。它是一种手工艺品，由于具有冷峻粗糙的质地，再搭配上浪漫的寝饰，更能突显出惬意的浪漫情怀。锻铁床材质富于延展，经过焊接处理之后，呈现出紧密牢固的形体美感（图5-71～图5-73）。

2. 床头柜

一直以来，床头柜都是卧室家具中的小角色，经常是一左一右陪伴、衬托着床，就连它的名字也是以补充床的功能而产生的。作为床头柜，它的功用主要是收纳一些日常用品，放置床头灯。摆放在床头柜上的多是为卧室增添温馨气氛的照片、插花等，而除了使用功能之外的其他功能常被忽视了（图5-74～图5-76）。

如今，随着床的变化和个性化壁灯的设计，床头柜的装饰作用显得比实用功能更重要了。设计感越来越强的床头柜正逐渐崭露头角，它们的出现使床头柜可以不再成双成对、按部就班地守护在床的两旁（图5-77～图5-79）。

床头柜的功能逐渐在设计上体现，如加长型抽屉式收纳床头柜，它带有左右并列四个抽屉，可以移动位置，能够放不少物品；可移动的抽屉式床头柜，它配有脚轮，移动非常方便，

<table>
<tr><td>图5-71</td><td>图5-72</td><td>图5-73</td></tr>
<tr><td>图5-74</td><td>图5-75</td><td>图5-76</td></tr>
<tr><td>图5-77</td><td>图5-78</td><td>图5-79</td></tr>
</table>

图5-71 欧式复古风格床架

欧式复古风格，卷曲的花纹与秀美的尖角，带有典雅美。

图5-72 北欧简约风格床架

北欧简约风格，繁星铁艺床，清爽透气，漫天的星球带来浪漫气息。

图5-73 美式乡村风格床架

美式乡村风格，独特的水管接头造型，带有粗犷的美。

图5-74 高颜值的椅子

可以选择一款高颜值的椅子，根据卧室风格和整体色调搭配，能满足简单的卧室储物。

图5-75 小巧壁柜

如果空间过于紧凑，挂在墙上的小巧壁柜完全不占空间，剩余空间可以给其他家具。

图5-76 小推车

小推车也可以代替传统意义上的床头柜，可以根据需求想放哪里放哪里，滚动的家具还会让空间更通透。

图5-77 梳妆台式床头柜

梳妆台变床头柜的设计布局打破了传统，在床头放上一款小巧别致的梳妆台，能储物，能梳妆，一举两得。

图5-78 实木收纳柜

北欧风格的实木收纳柜，非常有气质。灰色的柜面与金色的铁制柜脚搭配，缓和了暗色系的沉重感。

图5-79 钢化玻璃床头柜

钢化玻璃床头柜，清洁方便。搭配几何支撑的交叉设计，美观实用。人性化的防撞角设计，保护家人安全。

图5-80 红色喷漆床头柜

钢材床头柜的最大优点便是不怕潮，红色喷漆非常亮眼，可以在房间中作为点缀色摆放。

图5-81 咖啡色彩绘床头柜

地中海风格的实木柜子，三层做旧。咖啡色加上彩绘，凸显自然风味。

图5-82 镂空钢筋床头柜

实体钢筋构造，镂空设计，防潮防霉，既牢固且美观。玫瑰金色增添了时尚感。

图5-83 推拉门衣柜

推拉式衣柜给人一种简洁明快的感觉，一般适合相对面积较小的空间，以现代中式为主。

图5-84 内推拉衣柜

可推拉的衣柜门，轻巧、使用方便，空间利用率高，订制过程较为简便，进入市场以来，一直备受客户青睐。

图5-85 平开门衣柜

平开门衣柜虽然没有移门衣柜那么节省面积，但其仍以唯美的造型、优雅的造型获得了大批粉丝的喜爱。

图5-86 入墙式衣柜

对于小户型和卧室面积不大的朋友来说，入墙式衣柜对空间的利用率会更高。

图5-80	图5-81	图5-82
图5-83		图5-84
图5-85		图5-86

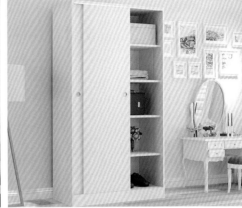

一些不愿意离身太远的细小物件可以守在身边。床头柜的范畴也在逐步扩大，一些小巧的茶几、桌子摇身一变也成为床头的新风景（图5-80~图5-82）。

3. 衣柜

衣柜是卧室装修中必不可少的一部分，它不仅成为收纳功能的一部分，而且成为装饰亮点。

（1）推拉门。推拉门也称移门衣柜或"一"字形整体衣柜，可嵌入墙体直接屋顶成为硬装修的一部分。推拉门分为内推拉衣柜和外挂推拉衣柜，内推拉衣柜是将衣柜门置于衣柜内，个体性较强、易融入、较灵活，相对耐用，清洁方便，空间利用率较高（图5-83、图5-84）。

（2）平开门。平开门衣柜是靠烟斗合页链接门板和柜体的一种传统开启方式的衣柜，类似于"一"字形整体衣柜。档次高低主要是看门板用材、五金品质两方面，优点是比推拉门衣柜要便宜很多，缺点则是比较占用空间（图5-85）。

（3）入墙式。入墙式衣柜又叫整体衣柜，和传统衣柜相比，入墙式衣柜对空间的利用率更高，和整个墙壁融为一体，比较和谐美观，不显突兀（图5-86）。

图5-87 开放式衣柜

充分借助家中某个空出来的位置，甚至是一个墙面，将衣柜嵌入墙中，减少空间的占用，不全部封闭，整个柜体敞亮开放，里面的衣物明显易见。

图5-88 存储功能强大

看似占用空间较大，事实上如果利用墙面打造，可以充分利用卧室的高度，并不会占用多大的地方。

图5-89 梳妆台

不用担心户型问题，简单的结构让人用得舒适，多样的色彩和板材可以随意挑选，不占空间，更适合小户型。

图5-90 线条感十足的梳妆台

线条感十足的梳妆台在房间中是一道亮丽的风景线，超大的台面北欧范儿十足，可以任意摆放化妆品。

图5-91 美式乡村风格梳妆台

具有美式乡村风格的梳妆台，让人变身为仿佛置身于森林之间的梦幻公主，这是每个女孩子的童话梦。

图5-92 清新颜色梳妆台

置于卧室一角，清新的颜色让人心情愉悦，搭配木色地板，这种类型的梳妆台很受年轻人追捧。

图5-93 全身镜梳妆台

全身镜梳妆台很是划算，巨大的镜面将整个人照映，携带的抽屉一点都不影响储物的功能。

图5-87	图5-88
图5-89	图5-90

图5-91	图5-92	图5-93

（4）开放式。开放式衣柜也可称为开放式衣帽间，属于整体衣柜。开放式衣柜是应现代用户需求而设计的，年轻人追求大空间的衣柜，存储功能强大，开放式的结构设计简化了使用，时尚前卫（图5-87、图5-88）。

4. 梳妆台

梳妆台是供整理仪容、梳妆打扮的家具。在客卧室里，若能设计得当，它也能兼顾写字台、床头柜或茶几的功能。同时，独特的造型、大块的镜面及台上陈列五彩缤纷的化妆品，都能使室内环境更为丰富绚丽。梳妆台一般由梳妆镜、梳妆台面、梳妆品柜、梳妆椅及相应的灯具组成（图5-89、图5-90）。

按梳妆台的功能和布置方式，可将之分为独立式和组合式两种。独立式即将梳妆台单独设立，这样做比较灵活随意，装饰效果往往更为突出。组合式是将梳妆台与其他家具组合，这种方式适宜于空间不大的卧室（图5-91～图5-93）。

六、厨房

厨房以橱柜为核心，橱柜的款式虽然每年都在发生变化，但每种风格仍具有它独特的韵味。不同风格的厨房在设计上别出心裁。

1. 古典风格

社会越发展，人们的怀旧心理反而越强了，这也是古典风格经久不衰的原因。它的典雅尊贵，特有的亲切与沉稳，满足了众多人士的心理追求（图5-94）。

2. 乡村风格

将原野的味道引入室内，让家与自然保持持久的对话，都市的喧嚣在这一角落得以沉寂，乡村风格的厨房拉近了人与自然的距离（图5-95、图5-96）。

3. 现代风格

现代风格流行最广泛，每个国家、每个品牌都会适时推出现代风格的款式，现代橱柜由于设计新颖、时代感强而备受推崇（图5-97）。

4. 前卫风格

前卫的年轻人常追求标新立异。他们在材质上多选择当年最为流行的质地，如玻璃、金属在巧妙的搭配中传递出时尚的信息（图5-98、图5-99）。

图5-94	图5-95
图5-96	图5-97
图5-98	图5-99

图5-94 古典风格橱柜

传统的古典风格要求厨房空间很大，U形与岛型是比较适宜的格局形式。

在材质上，实木当然视为首选，它的颜色、花纹及其特有的朴实无华为成功人士所推崇。

图5-95 乡村风格橱柜

原木地板在此是极佳的装饰材料，温润的脚感仿佛熏染了大地气息，而在橱柜上则应更多选择实木。

图5-96 水洗绿色系橱柜

水洗绿、柠檬黄是多年来都流行的色彩，木条的面板纹饰强化了自然味道，乡村风格的厨房会让生活更加充满闲适自然的味道。

图5-97 现代风格橱柜

摒弃了华丽的装饰，在线条上简洁干净，更注重色彩的搭配，在与其他空间的搭配上，这种风格也更容易。

它不受约束，对装饰材料的要求也不高，这也许正是它广泛流行的原因。

图5-98 红色系橱柜

红色绝对是设计厨房的一种有趣的颜色。鲜艳的颜色利于激发人的食欲，吊灯和椅子造型前卫。

图5-99 混凝土风格橱柜

混凝土是现代设计中的常用材料，简洁到了极致后便呈现出后现代的风格，一切都变得随意自然。

七、餐厅

餐厅是人们日常进餐并兼作欢宴亲友的活动空间。我国的传统习惯中，宴请是进餐的最高礼仪，所以一个良好的就餐环境十分重要。在面积大的空间里，一般有专用的进餐空间；面积小的，常与其他空间结合起来，成为既是进餐的场所，又是家庭酒吧、休闲或学习的空间。

家具的选择在很大程度上决定了餐厅的风格，最容易冲突的是空间比例、色彩、天花造型和墙面装饰品。根据房间的形状大小来决定餐厅餐桌椅的形状大小与数量，圆形餐桌能够在最小的面积范围容纳最多的人，方形或长方形餐桌比较容易与空间结合，折叠或推拉餐桌能灵活地适应就餐者的多种需求（图5-100~图5-103）。

1. 餐桌椅

餐厅的餐桌以固定的居多，但有的可以随意翻动、拉伸，从而扩大了使用面积。中餐桌多为方形，或者在桌面上加置圆形台面呈圆桌。如果空间比较宽敞，有专用的就餐场所，就可以采用固定式餐桌；如果房间面积较小，可采用活动式，在餐桌四周加上四块翻板，就餐人多时就可由小方桌变成大圆桌（图5-104、图5-105）。

图5-100 餐厅

新鲜的绿植是恢复餐厅活力的一个美妙方式。在冬天，人们都渴望能得到更多的温暖和舒适。可以试试人造羊皮，格子样式的毛毯或者是天鹅绒的垫子搭配在椅子上。

图5-101 长方形餐桌

图5-102 圆形餐桌

图5-103 折叠餐桌

图5-104 固定式餐桌

黑白照片的使用使餐厅具有了年代感，长桌带有西式风味，花瓶与灯具的选择强调了精致的氛围。

图5-105 中餐桌

一个大型灯具可以完全改变餐厅的外观和感觉，这种比较有吸引力的织物吊坠软装饰品，给人自然的气息。

图5-100	图5-101
图5-102	图5-103
图5-104	图5-105

图5-106 壁挂酒架

壁挂酒架比较节省空间,但要注意选择材质牢固的酒架。还可以在空位处摆放绿植增加活力。

图5-107 红苹果木色酒柜

红苹果木色酒柜,镂空雕花的柜门带有中式风格,除了放置酒类以外还能摆放其他装饰品。

图5-108 欧式铁艺酒柜

欧式铁艺酒柜,带有一丝乡村风格。空间大,储量大,能作为隔断摆放在家中。

图5-109 独立式浴缸

独立式浴缸不需要砌台,甚至不需要裙边,其独特的效果,受到前卫潮人的追捧。

图5-110 嵌入式浴缸

嵌入式浴缸的台面可采用同式样的墙砖、马赛克、人造石、大理石等搭配。

图5-111 磨砂玻璃淋浴房

磨砂玻璃打造朦胧的美感,占地面积小,搭配暖色墙体,使人心情舒畅,给淋浴过程增加了乐趣。

图5-112 中式风格台上盆

中式风格台上盆,结晶釉面晶莹剔透。手工彩绘的傲雪红梅图案,非常雅致。

图5-113 椭圆形台上盆

天然石头打磨而成的台上盆,具有粗犷的肌理魅力,自然气息浓厚。

图5-114 坐便器

坐便器上方的搁板上绿萝蜿蜒垂下,生意盎然,惹人喜爱。给狭小的空间增添了一丝活力。

图5-106	图5-107	图5-108
图5-109	图5-110	图5-111
图5-112	图5-113	图5-114

2. 装饰酒柜

餐厅的装饰酒柜主要起到储存餐具和装饰空间的作用,一般分为固定式立柜和组合式壁柜两种。另外,古典装饰风格的餐厅应该选择独立式台柜,这样可以衬托出主体装饰形态,不会喧宾夺主,储藏空间也非常到位(图5-106~图5-108)。

八、卫生间

1. 浴缸和淋浴房

浴缸的放置形式有搁置式、嵌入式、半下沉式三种(图5-109、图5-110)。淋浴房是现代家庭选择的一种趋势,新型的淋浴房设备趋向大型化和多功能化(图5-111)。

2. 面盆

面盆的功能单纯,造型较自由,形体也可以小一些,面盆的大小主要在于盆口,一般横向宽些,有利于手臂活动。面盆兼作洗发池时,为适应洗发需要,盆口要大而深些,盆底也相对平些(图5-112、图5-113)。

3. 坐便器

坐便器使用起来稳固、省力,与蹲便器相比,在家庭使用已成为主流。坐便器的高度对排便的舒适程度影响很大,坐便器坐圈大小和形状也很重要。目前,新型的坐便器带有许多附加功能(图5-114)。

第二节　办公空间家具

　　办公环境的重要性不言而喻，不论是从打造工作中的幸福感上，还是提高工作的竞争力上，富有创意的办公空间，总会给人带来意想不到的效果。随着人们生活水平的不断提高，人们需求的是一个轻松愉快、颜色丰富、健康舒适充满价值感的工作环境。办公家具的分类比较多，下面详细介绍办公家具的大致分类。

一、职员办公家具

　　办公桌、办公椅、主管桌、主管椅、职员桌、职员椅、办公沙发、会议桌、会议椅、洽谈桌、洽谈椅、餐桌、折叠桌、前台桌、接待桌、接待椅办公屏风、办公隔断、多规格文件柜、推柜、吊柜、移门柜电脑架、培训桌（图5-115~图5-118）。

图5-115	图5-116
图5-117	图5-118

图5-115 会议桌

办公家具的设计应与空间有机地结合起来。合理而高效地使用空间，使空间的效益最大化。

图5-116 办公桌椅

办公家具的设计应满足使用及空间的要求。

图5-117 接待桌

办公家具设计应注重企业文明。沟通、信任、独立都是需要考虑的。

图5-118 多规格文件柜

办公家具的设计需功能与审美结合，并具有创新性。

图5-119 总经理办公室

总经理办公室在整体的装修风格上要严格把控，充分展现出企业的形象。总经理办公室是公司领导的办公场所，不管是从尊重领导的角度出发，还是从彰显企业形象的角度出发，都需要一个相对宽敞的办公环境进行装修设计。

图5-120 餐桌椅组合

现代都市工作紧张而忙碌，加上工作空间结构的特殊性，敞开自由式的工作空间能够让员工在繁重的工作中加强沟通，并提升员工的工作热心，促进工作效率。

图5-121 员工休息区

环保健康的办公家具不仅仅体现在愈加人性化的设计，更能带给我们一种绿色、时髦、健康的实践体会作用。

图5-119	
图5-120	图5-121

二、老板主管办公家具

老板台、老板椅、主管台、主管椅、沙发、茶几、多种规格实木会议桌、会议椅、讲台、实木文件柜、实木书柜、实木茶水柜、实木洽谈桌、接待台（图5-119）。

三、其他家具

餐桌椅组合、公共排椅、剧院椅、公寓床（图5-120、图5-121）。

第三节　商业空间家具

商业空间是人类活动空间中最复杂最多元的空间类别之一。从广义上可以把商业空间定义为：所有与商业活动有关的空间形态。狭义的概念，商业空间也包含了诸多的内容和设计对象。下面简单介绍几类常见商用空间的家具设计。

一、服装店

服装店的家具因不同的服装品类而变化，但主要以服装展示柜为主，其次还有收银台、休息凳、隔断换衣间等。儿童服装区还设置有儿童玩具桌，婚纱店则设置有梳妆台（图5-122、图5-123）。

图5-122 收银台

服装店家具一般以简约风格为主。

图5-123 休息凳

简单的家具与装饰是最好的选择，既不会抢了服装设计的风头，还能保有最基本的使用功能。

图5-124 酒店前台

图5-125 酒店沙发

图5-126 餐桌椅

在餐厅空间较小的情况下，折叠起不用的餐桌椅，可有效地节省空间。过大的餐桌将使餐厅空间显得拥挤。

图5-127 餐柜

餐饮柜用以存放部分餐具、用品（如酒杯、起盖器等）、酒、饮料、餐巾纸等就餐辅助用品的家具。还可以考虑设置临时存放食品用具，如饭锅、饮料罐等。

图5-122	图5-123
图5-124	图5-125
图5-126	图5-127

二、酒店

酒店家具一般包括酒店客房家具、酒店客厅家具、酒店餐厅家具、酒店固装家具、公共空间家具、会议家具等。酒店客房的家具与居室家具类似，但功能性较强，随酒店的主题也会做相应的改变。酒店大堂则设置有前台、沙发、休息桌等（图5-124、图5-125）。

三、餐厅

餐厅是人们就餐的场所，在对其装修时要特别注意。餐厅家具从款式色彩质地等方面要特别精心地选择。因为，餐厅家具的舒适度与否对我们的食欲有很大的关系。餐厅家具主要包括：餐桌、餐椅、卡座、沙发、吧凳、吧桌、转盘、餐柜、酒柜、贝贝椅、垃圾柜等。根据不同空间可分为：中餐厅家具、西餐厅家具、咖啡厅家具、茶艺馆家具、快餐厅家具、饭店餐桌椅等（图5-126、图5-127）。

四、咖啡厅

咖啡厅家具最主要的包括餐桌、餐椅、卡座、吧台、吧凳，这些都是我们在咖啡厅最为常见的。餐柜、酒柜、垃圾柜这些是比较少见的一种，一般都不会摆放在比较显眼的地方（图5-128）。

第四节　庭院景观家具

庭院家具主要有藤编家具、庭院桌椅、花园桌椅、咖啡厅桌椅、酒吧桌椅、铸铝桌椅、带灯旋转伞、沙滩椅、秋千、吊篮等半固定或可移动的家具设施。庭院家具会给我们带来很多便利与舒适，但是因为户外的环境，从家具选择开始就要注意。如果庭院面积有限，就尽量避免选择太多的物件，这样会显得凌乱，也会占用庭院的娱乐空间。另外从庭院功能需要出发，选择对应的家具，颜色方面也要注意与铺装和植物的搭配，这样才更为和谐统一（图5-129、图5-130）。

图5-128 咖啡厅家具

在选择咖啡店家具的时候无论是款式还是在色彩方面都需要精挑细选。

目前最常用的咖啡厅餐桌子是方桌和圆桌两种，在咖啡店家具布局上比较方便，摆放整洁。这对咖啡厅的整体构造起到一个非常关键的作用，而且方桌占地面积比较小。

图5-129 庭院桌椅

闲暇时间，坐在绿意盎然的庭院中，享受着迎面的微风，捧一本书，抿一口茶，十分惬意悠然。

图5-130 铸铝桌椅

虽然庭院户外家具一般都经过了特殊的防水、防晒等功能处理，但在高温多雨的夏季，长时间地暴晒和雨淋，家具更容易受到伤害，造成腐败和开裂，要注意多加防护。

图1-128
图1-129
图1-130

（a）　　　　　　　　（b）　　　　　　　　（c）

第五节 案例解析——自然亲切感空间

该餐厅具有浓浓的农家风味，朴实自然的气息给人很强的亲切感，能让人回忆起童年时的趣事。餐厅软装饰在造型上常常以大统一、小变化为原则，协调统一、多样而不杂乱。在直线构成的餐厅空间中故意安排曲线形态的陈设或带有曲线图案的软装，使用形态对比能产生生动的感受（图5-131～图5-136）。

图5-131 农家风味餐厅

餐厅的软装饰要能表达一定的思想内涵和精神文化，才能给客人留下深刻的印象。该餐厅以农家菜为特色，在其软装饰方面尽显其风味。墙壁的大蒜本为食材，不同颜色的大蒜头串在一起，并列挂在墙上，竟也成了一道亮丽的景色。

图5-132 乡村文化氛围

采用有一定体量的造型雕塑或者是现代陶艺作品作为软装饰，在餐厅软装饰设计中也很常见，这些软装饰不仅提高了环境的品位和层次，还创造了一种文化氛围。

图5-133 玉米串

图5-134 旧报纸

图5-135 碎花沙发

原木上摆放的做旧的酒坛，散发着独特的农家气息。用整根原木垒砌而成的墙面使墙面有了温度，别具一格的中国传统碎花沙发，为整个餐厅中的一点红，点缀了餐厅的古朴氛围。

图5-136 暖色的灯光

灯具为藤蔓编织而成，自然的材质更加符合餐厅的主题。色彩是营造室内气氛最生动、活跃的因素，暖色的灯光可以增强人的食欲，令人舒适惬意。

图5-131	图5-132
图5-133	图5-134
图5-135	图5-136

盘子被独具创意地粘黏在墙上，并且花纹采用的是中国传统的青花，营造了一种浓浓的文化气息。

墙壁的玉米串成一串挂在墙上，令人想起丰收的秋季。

墙上的旧报纸使餐厅散发出怀旧的气息。

树下的木质桌椅看似随意摆放，实则有一定的规律。如此浓烈的农家氛围，好像人们正坐在乡村田野间用餐一般。

本章小结：

家具多指衣橱、桌子、床、沙发等大件物品，家具既是物质产品，又是艺术创作。家具是由材料、结构、外观形式和功能四种因素组成。家具的类型、数量、功能、形式、风格和制作水平及当时的使用情况，反映了一个国家与地区在某一历史时期的社会生活方式，社会物质文明的水平及历史文化特征。家具是某一国家或地域在某一历史时期社会生产力发展水平的标志，是某种生活方式的缩影，是某种文化形态的显现。

第六章

布艺装饰

识读难度： ★ ★ ★ ☆ ☆

核心概念： 窗帘、抱枕、床品

章节导读： 布艺在现代家庭中越来越受青睐，如果说家庭使用功能的装修为"硬饰"，那布艺作为"软饰"在家居中则更独具魅力。它柔化了室内空间生硬的线条，赋予居室一种温馨的格调。在布艺风格上，可以很明显地感觉到各个品牌的特色，但是却无法简单地用欧式、中式抑或是其他风格来概括，各种风格互相借鉴、融合，赋予了布艺多元的特色。最直接的影响是它对于家居氛围的塑造作用加强，因为采用的元素比较广泛，让它跟很多不同风格的家居都可以搭配，而且会有完全不同的感觉。

第一节 布艺装饰的作用

一、布艺概述

室内布艺包括窗帘、地毯、枕套、床罩、椅垫、靠垫、沙发套、台布、壁布、毛巾等，无论大小凡是以布为主要材料进行加工制造的一些装饰产品都是属于布艺饰品。布艺的色彩和材质都是非常丰富的，所以它的装饰效果可以非常突出，布艺也会表达出居住者的个人爱好及品位，所以布艺在家居陈设中的作用是非常重要不可忽视（图6-1、图6-2）。

在家居陈设中，布艺拥有柔软灵活的曲线，所以会使空间变得温馨，同时它可以通过质感与图案来强化我们所要表达的风格，体现出不同地域特色，营造出我们想要的氛围（图6-3）。

图6-1

图6-2 | 图6-3

图6-1 明黄色沙发

明黄色应用到窗帘、沙发、地毯上，富于活力的颜色使空间充满热情。

图6-2 珊瑚色沙发

珊瑚色的布艺沙发，粉粉嫩嫩，非常可爱。

图6-3 温馨的氛围

清爽的颜色适合春夏季，白色纱质窗帘满足卧室透光的要求，蓝色遮光窗帘保护了卧室的隐私性。灰色系床品淡雅又充满了质感，浅蓝色沙发给人清丽之感。几何纹地毯在空间中具有异域风情。

图6-4 | 图6-5
图6-6

图6-4 深绿色布艺沙发

深绿色布艺沙发作为客厅的视觉中心，让人眼前一亮，搭配白色簇绒地毯非常温馨。

图6-5 青绿色布艺沙发

青绿色布艺沙发造型新颖又时尚。灰色拇指沙发与青绿色地毯组成了柔和的色调。

图6-6 蓝灰色系窗帘

布艺在此处应用得非常广泛，灰色布艺沙发与抱枕惹人喜爱。蓝灰色系窗帘厚重踏实，几何纹路的地毯与羊毛毯色系统一。就连易碎的镜子也裹上了一层令人安心的绒布。

二、功能

　　布艺在软装饰中还有着吸声、隔断、保护隐私等各种功能，特别是在寒冷的季节，用布艺装饰温暖空间会显得尤为重要。室内光线可以人为营造，对于开窗率比较大的房间来说，不妨采用不同图案的纱质窗帘，这样当光线透进来时，光影会发生变化，使得空间层次变得丰富。如果空间不需要私密性或者遮光，那么单层的窗纱就足够了（图6-4、图6-5）。

　　窗帘的较大目的在于保护隐私，室内不同的区域，对于隐私的要求程度有不同的标准。如客厅等公共活动区域，对于隐私的要求相对较低，大部分客厅都会把窗帘拉开，因此客厅的窗帘主要起装饰功能；对于卧室、洗手间等隐私性较强的区域，人们不但要求看不到，甚至要求连影子都看不到，这就要求消费者在选择不同窗帘时需考虑各个区域私密性的差异。如客厅可选择一些偏透明的窗帘，而卧室则应选用一些材质较厚的窗帘（图6-6）。

第二节　壁毯与地毯

一、壁毯

壁毯是挂在墙壁、廊柱上做装饰用的地毯类工艺品。随着人们对家装要求越来越高，壁毯也是广泛应用在家庭装修中，以提高家居装饰档次（图6-7～图6-12）。

二、地毯

1. 羊毛地毯

羊毛地毯泛指以羊毛为主要原材料编制的地毯，是地毯中的高档产品，一般用在高级宾馆、酒店、会客厅、接待室、别墅、国家场馆等高级场所。在家装中，也因其柔软的质地受到大家的欢迎。根据制作工艺不同，纯羊毛地毯分手织、机织和无纺三种（图6-13、图6-14）。

图6-7 几何图案壁毯

壁毯最好能跟房间的某个细节相呼应，如色彩、形状、质地等，这样会达到意想不到的效果。

图6-8 流苏壁毯

在悬挂挂毯或壁毯时要根据不同空间进行颜色搭配。

图6-9 波纹风格壁毯

卧房大多采用柔和的暖色调挂毯或壁毯，可以很好地烘托出卧室温馨的家居气氛。

图6-10 河流图案壁毯

现代家装风格的室内，整体以白色为主，壁毯则以鲜亮、活泼的颜色为主。浓郁的色彩比较适合走廊的尽头或者大面积空置的墙面，可以吸引人的视线，起到的装饰效果。

图6-11 渐变壁毯

选购壁毯时对于壁毯的图案和颜色，要结合自己房屋装修的风格和色调来决定。

图6-12 电影人物壁毯

在悬挂壁毯时最好不要使用钉子，不仅会对墙壁造成损坏，还会影响整体美观效果。大家可以选择壁毯专用挂钩。

图6-13 羊毛地毯

羊毛地毯价格相对偏高，容易发霉或被虫蛀，家庭使用一般选用小块羊毛地毯进行局部铺设。

图6-14 颜色协调

挑选地毯时，看毯面的颜色。把地毯平铺在光线明亮处，观看全毯颜色要协调，不可有变色和异色之处，染色也要均匀，忌忽浓忽淡。

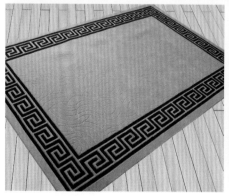

图6-15 印度风格手工全棉地毯

橘红色、大地色、天蓝色印度风格手工全棉地毯为家里增添一丝活力。

图6-16 雪尼尔簇绒地毯

全棉的雪尼尔簇绒地毯，非常柔软。因其强大的吸水性，一般放门口。

图6-17 优雅地毯

几何图案与流苏结合，米色与灰色的组合气质娴雅。手感非常舒适，一般放置在沙发或床前。

图6-18 合成纤维地毯

化纤地毯外观与手感类似羊毛地毯，耐磨而富弹性，具有防污、防虫蛀等特点，价格低于其他材质地毯。化纤地毯表面有毛丝，可以用作室内防滑地毯，同时鞋子摩擦地毯产生静电，可以吸收鞋子上的灰尘。

图6-19 塑胶地毯

大部分塑料地毯的抗腐蚀能力强，不与酸、碱反应，耐用，成本低、容易被塑制成不同形状，是良好的绝缘体。塑胶地毯适用于宾馆、商场、舞台、住宅，也可用于浴室起防滑作用。

图6-20 草编地毯

草编地毯由水草编织而成，有着自然气息，感觉清新凉爽，环保健康，无污染。草编地毯防滑、经济实用、美观大方。

图6-15	图6-16	图6-17
图6-18	图6-19	图6-20

2. 纯棉地毯

纯棉地毯分很多种，有平织的、纺线的，时下非常流行的是雪尼尔簇绒地毯，其特点是性价比较高。脚感柔软舒适，其中簇绒系列装饰效果突出，便于清洁，可以直接放入洗衣机清洗（图6-15～图6-17）。

3. 合成纤维地毯

合成纤维地毯最常用的分两种，一种使用面主要是聚丙烯，背衬为防滑橡胶，价格与纯棉地毯差不多，但花样品种更多，不易褪色，考究的可以专业清洗，节约一点的话也可以用地毯清洁剂手工清洁，脚感不如羊毛及纯棉地毯；另一种是仿雪尼尔簇绒系列纯棉地毯的，形式与纯棉地毯类似，只是材料换成了化纤，价格较前述合成纤维地毯便宜很多，视觉效果也差很多，但容易起静电，可以作为门垫使用（图6-18）。

4. 塑料地毯

塑料地毯又叫橡胶地毯，是采用聚氯乙烯树脂、增塑剂等多种辅助材料，经均匀混炼、塑制而成。它可以代替纯毛地毯和化纤地毯使用（图6-19）。

5. 草编地毯

草编地毯是利用各种柔韧草本植物为原料加工编制的地毯（图6-20）。

第三节　窗帘布艺

一、窗帘的种类

1. 百叶式窗帘

百叶式窗帘有水平式和垂直式两种。水平百叶式窗帘由横向板条组成，只要稍微改变一下板条的旋转角度，就能改变采光与通风效果。板条有木质、钢质、纸质、铝合金质和塑料等材质（图6-21、图6-22）。

2. 卷筒式窗帘

卷筒式窗帘的特点是占地小、简洁素雅、开关自如。这种窗帘有多种形式，有通过链条或电动机升降的产品，也有家用的小型弹簧式卷筒窗帘，可手拉开合（图6-23）。

3. 折叠式窗帘

折叠式窗帘的机械构造与卷筒式窗帘差不多，一拉即下降，所不同的是第二次拉的时候，窗帘并不像卷筒式窗帘那样完全缩进卷筒内，而是从下面一段段打褶后升上来（图6-24）。

图6-21 扇形百叶窗

扇形百叶窗，也称罗马帘，属欧式风格。蕾丝绣花工艺，使窗帘更加靓丽。

图6-22 柔纱百叶窗

柔纱百叶窗，小清新的图案与色调，适合年轻人。清新、方便，价格便宜。

图6-23 卷筒式窗帘

材质为竹子，既遮强光又能通风透气。深沉的颜色在夏季带来凉意，适合多种场所。

图6-24 折叠式窗帘

细碎的桃红色小花与青绿色结合，格子纹理细腻别致，与居室整体的田园风格一致。

图6-21 | 图6-22
图6-23 | 图6-24

图6-25 垂挂式窗帘

欧式风格给人的感觉端庄典雅、高贵华丽，具有浓厚的文化气息，窗帘大多以奢华大气的花纹为主。

图6-26 蓝白色窗帘

蓝色与白色的结合，内敛而含蓄，对于身处喧嚣都市的人，可以带来一分宁静。

图6-27 深蓝色与白色相间的窗帘

深蓝色与白色相间的窗帘，与浅蓝色沙发呼应，给人静谧的感受。蓝色可以与高级灰一起营造高贵优雅的氛围。调性的叠加，将使得空间更加迷人。

图6-28 小清新风格的窗帘

浅灰色墙壁，白色床品与沙发，搭配小清新风格的窗帘，素净舒适。窗帘与靠垫和谐一致是最安全的选择，不一定要完全一致，只要颜色呼应。

图6-25	图6-26
图6-27	图6-28

4. 垂挂式窗帘

垂挂式窗帘的组成最复杂，由窗帘轨道、装饰挂帘杆、窗帘楣幔、窗帘、吊件、窗帘缨和配饰五金件等组成。对于这种窗帘除了不同的类型选用不同的织物以外，以前还比较注重窗帘盒的设计，但是现在已渐渐被无窗帘盒的套管式窗帘所替代。此外，用垂挂式窗帘的窗帘缨束围成的帷幕形式也成为一种流行的装饰形式（图6-25、图6-26）。

二、窗帘的色彩

窗帘在空间中占有较大面积，因此，选择时要与室内的墙面、地面及陈设物的色调相匹配，以便形成统一和谐的环境。墙壁是白色或淡象牙色，家具是黄色或灰色，窗帘宜选用橙色；墙壁是浅蓝色，家具是浅黄色，窗帘宜选用白底蓝花色；墙壁是黄色或淡黄色，家具是紫色、黑色或棕色，窗帘宜选用黄色或金黄色；墙壁是淡湖绿色，家具是黄色、绿色或咖啡色，窗帘宜选用中绿色或草绿色为佳（图6-27、图6-28）。

图6-29 绸缎窗帘

图6-30 棉麻窗帘

图6-31 纱织窗帘

图6-32 咖啡色格子图案窗帘

深沉的咖啡色格子图案非常低调含蓄，适合中年人使用，能让人沉心静气，安置在书房能让人享受独处工作时的宁静淡然。

图6-33 别墅窗帘长度

别墅常常具备巨大的落地窗，此时当然要挑选能覆盖到整体窗户的窗帘长度。给人气势恢宏的感觉。

图6-29	图6-30	图6-31
图6-32	图6-33	

三、窗帘面料

目前，窗帘的质地主要有棉、丝、绸、尼龙、纱、塑料、铝合金等。棉窗帘柔软舒适、丝帘高雅贵重、绸帘豪华富丽、串珠帘晶莹剔透、纱帘柔软飘逸等，各有千秋。选择窗帘的质地，应考虑房间的功能，如浴室、厨房就要选择实用性比较强的而容易洗涤的布料，而且风格力求简单流畅。客厅、餐厅可以选择豪华、优美的面料。卧室的窗帘要求厚质、温馨、安全，以保证生活隐私性及睡眠安逸。书房窗帘却要透光性能好、明亮，采用淡雅的色彩，使人身临其中，心情平稳，有利于工作学习（图6-29~图6-31）。

四、窗帘的图案与大小

窗帘布图案主要有抽象型和具象型两种。但都不宜过于琐碎，要考虑打褶后的效果。高大的房间宜选横向花纹，低矮的房间宜选用竖向花纹。不同年龄段的人喜好不同，客厅窗帘颜色花样应适中，年轻人房间窗帘以奔放开阔为主；老人房间窗帘花样以安逸为主。窗帘的长度要比窗台稍长一些，以避免风大掀帘。窗帘的宽度要根据窗子的宽窄而定，一定要使它与墙壁大小相协调。较窄的窗户应选择较宽的窗帘，以挡住两侧好似多余的墙面（图6-32、图6-33）。

第四节　抱枕与床品

图6-34 民族风格抱枕

民族风格抱枕，给人亲切的感觉，适合在居室中作为点缀装饰。

图6-35 素色抱枕

素色抱枕，棉麻材质，同一色系不会显得紊乱，摆放在沙发上错落别致。

图6-36 丝绸材质抱枕

丝绸材质抱枕，秀有花鸟图案，颜色淡雅，适合新中式风格使用。

图6-37 长方形抱枕

毛绒材质的长方形抱枕，温暖舒适。柠檬黄、宝石蓝、香槟金、桃花粉、丁香紫色系的搭配和谐又不失活力，作为点缀的毛球更增加了一丝童趣。

图6-38 圆形抱枕

图案带有日本浮世绘风格，适合日式风格或者简约风格使用。

图6-34	图6-35	图6-36
图6-37		图6-38

一、抱枕

抱枕是常见的家居小物品，在软装中却往往有很意想不到的效果。

1. 形状类型

抱枕的形状非常丰富，有方形、圆形、长方形、三角形等，根据不同的需求，如沙发、睡床、休闲椅或餐椅，对抱枕的造型和摆放要求也有所不同。

（1）方形抱枕。方形的抱枕适合放在单人椅上，或与其他抱枕组合摆放，考虑搭配时色彩和花纹的协调度（图6-34～图6-36）。

（2）长方形抱枕。长方形抱枕一般用于宽大的扶手椅，在欧式和美式风格中较为常见，也可以与其他类型抱枕组合使用（图6-37）。

（3）圆形抱枕。圆形抱枕造型有趣，作为点缀抱枕比较合适，能够突出主题。造型上还有椭圆等立体的卡通造型抱枕（图6-38）。

（4）其他造型。抱枕造型丰富，还有各种玩偶造型或是装饰品造型，甚至根据自身需要还可以定做（表6-1）。

表6-1   多样的趣味抱枕

动物造型	卡通造型	食物造型
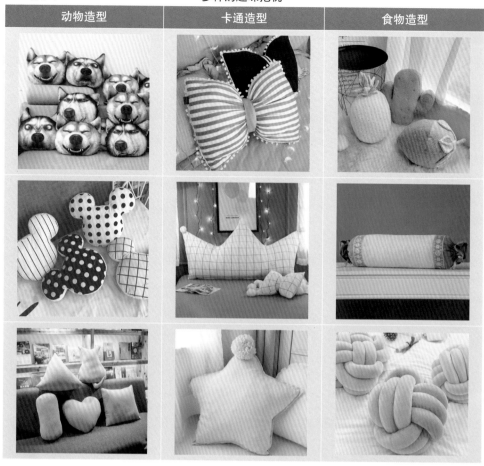		

2. 摆设原则

（1）对称摆设。如果将几个不同的抱枕堆叠在一起，会让人觉得很拥挤、凌乱。最简单的方法便是将它们都对称摆放，这样可以给人整齐有序的感觉。具体摆放时根据沙发的大小又可以分为"1＋1""2＋2"或者是"3＋3"。注意摆设时除了数量和大小，在色彩和款式上也应该尽量选择对称（图6-39）。

图6-39 对称法摆设

对称摆放，不管是放在哪里，如果把几个不同的抱枕堆叠在一起，会让人觉得很拥挤。大多数人都喜欢对称放置的软装设计，就是因为这样给人的感觉会很整齐有序。

（2）不对称法摆设。如果觉得把抱枕对称摆设有点乏味，还可以选择两种更具个性的不对称摆法：一种是"3＋1"摆放，即在沙发的其中一头摆放三个抱枕，另一侧摆放一个抱枕。这种组合方式看起来比对称的摆放更富有变化。但需要注意的是，"3＋1"中的"1"要和"3"中的某个抱枕的大小款式保持一致，保持沙发的视觉平衡。

另一种不对称摆放方案是"3＋0"，如果家中的沙发是古典贵妃椅造型或者沙发的规格比较小，那么这种摆放方法是非常不错的选择。由于人们总是习惯性地第一时间把目光的焦点放在右边，因此在将3个抱枕集中摆放时，最好都摆在沙发的右侧（图6-40、图6-41）。

（3）远大近小法摆设。远大近小是指越靠近沙发中部，摆放的抱枕应越小。这是因为从视觉效果来看，离视线越远，物体看起来越小，反之，物体看起来越大。从实用角度来说，大尺寸抱枕放在沙发两侧边角处，可以解决沙发两侧坐感欠佳的问题（图6-42、图6-43）。

（4）里大外小法摆设。有的沙发座位进深比较深，这个时候抱枕常常被拿来垫背。如果遇到这种情况，通常需要由里至外摆放几层抱枕，布置时应遵循里大外小的原则。具体是指在最靠近沙发靠背的地方摆放大一些的方形抱枕，然后中间摆放相对小的方形抱枕，最外面再适当增加一些小腰枕或糖果枕。如此一来，整个沙发区看起来不仅层次分明，而且最大限度地照顾到了沙发的舒适性（图6-44）。

图6-40 "3＋1"摆放

图6-41 "3＋0"摆放

图6-42 大抱枕放在沙发左右两端

将大抱枕放在沙发左右两端，小抱枕放在沙发中间，视觉上给人的感觉会更舒适。

图6-43 小抱枕放在中间

将小抱枕放在中间，则是为了避免占据太大的沙发空间，让人感觉只能坐在沙发边缘。

图6-44 里大外小法摆设

整体软装风格为东南亚风格，藤制桌椅的运用，要求其布艺也相对偏向自然风。大地色系列的条纹小枕，搭配酒红色大抱枕，层次分明，风格一致，给人满满的自然气息。

图6-40	图6-41
图6-42	图6-43
图6-44	

★ 小贴士

布艺装饰要点

注重整体风格呼应；以家具为参照标杆；准确把握尺寸大小；面料与使用功能统一；不同布艺之间取得和谐。

二、床品

1. 床罩

用床罩遮盖床能使卧室简洁美观。床罩的面料可选印花棉布，色织条格布、提花呢、印花软缎、腈纶簇绒、丙纶簇绒、泡泡纱等许多种。如泡泡纱床罩，色彩斑斓，可补充室内色彩不足，其条纹清晰，起泡的布面与平滑坚硬的墙面恰成对比。但要注意床罩所选面料不宜太薄，网眼不宜过大，图案和色彩应与墙面和窗帘相谐调。床罩是平铺覆盖在被子上的，在制作床罩时要根据床的大小和式样来决定选材，按照床的高度，以垂至离地100mm左右为宜（图6-45、图6-46）。

2. 床单

床单是枕巾、被子的背景，而居室的墙面和地面又是床单的背景。床单应该选择淡雅一些的图案。近年来自然色更显时尚，如沙土色、灰色、白色和绿色等，包括床单、被套、枕套、床罩在内的多件套颜色基本一致，而全套床上用品有时不可能全部换洗，这就给自由搭配提供了空间（图6-47、图6-48）。

图6-45 韩式风格床罩

带有韩式风格的蕾丝花边深得女孩子的喜爱，清丽的抹茶色，飘逸的裙摆给人纯真的美感。

图6-46 欧式风格床罩

欧式风格床罩，肌理感强烈。宝蓝色给人奢华的质感，蕾丝刺绣工艺给人精致感。

图6-47 极简风格床单

白色的床单与灰色的窗帘搭配出了极简的风格，素色的运用给人低调朴实的感觉。

图6-48 星星图案的床单

星星图案的床单带有一丝童趣，结合姜黄色的窗帘与椅子，使得居室充满了活力。

图6-45	图6-46
图6-47	图6-48

图6-49 明黄色被套

明黄色被套与飘窗上的明黄色小抱枕呼应。米色和灰色作为配色，很完美。

图6-50 粉红色床品

粉红色床品总是给人带来公主风，但去掉蕾丝边，其淡淡的粉色甜美又恰到好处。

图6-51 公主风枕套

全棉材质，公主风褶皱边设计，纯白色的枕套，给人梦幻感。

图6-52 北欧风格枕套

藕粉色格子枕套，北欧风格，时尚大方，简约不失格调。

图6-53 宝蓝色枕套

丝绸质地的宝蓝色枕套，给人浪漫华丽的感觉，其独特的材质对秀发具有保护作用。

图6-49 | 图6-50
图6-51 | 图6-52 | 图6-53

3. 被套

被套一般选用纯棉材质，因为被套和人的肌肤贴近，而纯棉制品吸汗、透气（图6-49、图6-50）。

4. 枕套

枕套是保持枕头清洁卫生的床上织物，也是床上装饰物品之一，它的面料以轻柔为好。枕套的色彩、质地、图案等应与床单相同或相近。枕套随着床罩的发展变化，款式也越来越多，有镶边的，带穗的；有双人枕套，也有单人的。枕套的种类很多，有网扣、绣花、桃花、提花、补花、拼布等，一般根据其他床上用品的选择配套布置（图6-51～图6-53）。

第五节　案例解析——时尚高级空间

酒店作为商业场所，以其高级优雅的软装质感给人独特的享受。酒店软装设计的目的也是为了通过优质的酒店软装设计效果增加酒店自身的魅力，作为一张免费的"名片"，吸引客人初次或再次光顾，增加效益。因此，酒店软装设计十分重要。

酒店的定位一定要明确，并在酒店建设中持之以恒的贯彻下去。要从酒店的功能区、舒适度、管理便捷性等多方面对酒店进行定位，列出详细、可操作性强的清单与标准，避免错误，减少损失十分有必要。如果酒店定位中高端，星级酒店，那么就在预算上稍微放松，要记住，最大的浪费是建好后不满意重新来做，这样的费用比开始就使用豪华材料要浪费得多（图6-54~图6-57）。

图6-54 泰国曼谷香格里拉酒店

泰国曼谷香格里拉酒店是一个独特的休闲空间，能从人的感官出发进行规划。该酒店外，设有舒适的桌椅及特色小吃，绿植与灯光在夜色下相互辉映，加上浪漫的湖景，令人得到非凡的感官体验。实用要与装饰相结合，酒店无论多么重视装饰效果，如何追求装饰上的"星级"，吸引客人眼球，实用性永远是基础，是绝对的核心。

图6-55 泰国风格客房

房间以传统泰国风格为主，包括丝绸与柚木装饰。

图6-56 浴室

整体灯光采用暖色调，很符合空间功能的特征。蜡烛与鲜花，独具浪漫的泳池引人注目。家具线条流畅，墙面自然纹饰，浮夸却不过度。

图6-57 纽约风格与现代风情客房

舒适度作为曼谷香格里拉酒店所有的客房首要标准，一切设施都以此为目标。酒店客房，将经典纽约风格与现代风情及舒适性完美融合，给人留下深刻的印象。配备高品质的家具和设施，可满足最为挑剔的住客需求：墙面铺就丝织品，与泰国寺庙中的花形图案有异曲同工之妙；床褥铺以经纬密度为300的埃及棉床单；办公桌则给人以路易十四时代的复古感。从落地窗向外远眺，城市景致尽收眼底。

图6-54
图6-55 | 图6-56
图6-57

铁艺壁挂，仿佛太阳悬挂在墙壁上。

褐色窗帘搭配白色的纱帘，温柔可爱。

多样的抱枕与灰白色的枕套床单搭配却不显杂乱。

一小块条纹编织地毯放置在床边落脚处，墨绿色为房间增添了亮色。

图6-58
图6-59

图6-58 卧室

图6-59 流线型花瓶

大小不一的陶瓷花瓶参差地摆放在床前的柜子上，宝蓝色釉面与流线型的瓶身给人温婉舒适的感觉，搭配一只绰约的蝴蝶兰，增添了卧室的娴雅之风。

　　卧室是整套居室中最具私密性的房间，优雅的宝蓝色一向给人高贵清冷的感觉。卧室的设计重心就是床，空间的装修风格、色彩和装饰，一切都应以床为中心而展开。应该精心安排床在卧室中的位置，卧室设计的其余部分也就随之展开（图6-58、图6-59）。

本章小结：

　　在家居陈设中，布艺的灵活曲线，使空间变得温馨，同时它可以通过一些材质的质感及一些图案来强化我们所要表达的风格。布艺的色彩和材质都是非常丰富的，所以它的装饰效果可以非常突出，布艺也会表达出居住者的个人爱好及品位，所以布艺在家居陈设中的作用是非常重要的。

第七章

绿植花艺

识读难度： ★★★☆☆

核心概念： 花艺、花瓶、绿植

章节导读： 花艺布置是利用各种适合在室内栽植的花卉，通过艺术手段，布置居室美化环境的方法。室内花艺布置是一项具有较高美学价值和科学性的艺术创作。花艺布置不是植物材料的简单堆砌，而是在满足植物的生态习性的基础上，充分发挥美学的创作艺术，在居室内布置出美丽、优雅、舒适的环境。因此，环境居室的一切布置装饰都应体现使用者的喜好和品位，花艺布置作为室内装饰的一项内容，也不例外，应考虑使用者的年龄、职业、性格等特点。如果居室的主人是老人，植物材料选择上应素雅而庄重。如果使用者是年轻人，植物材料选择上应突出生动活泼的主题，色彩上也应追求鲜艳明快。如色彩艳丽的月季、郁金香、唐菖蒲、变叶木等。

第一节 绿植花艺的作用

花艺是通过鲜花、绿色植物和其他仿真花卉等对室内空间进行点缀，使家居设计能够满足人们的审美追求。花艺装饰是一门不折不扣的综合性艺术，其质感、色彩的变化对室内的整体环境起着重要的作用（图7-1）。

摆放合适的花艺，不仅可以在空间中起到抒发情感，营造起居室良好氛围的效果，还能够体现居住者的审美情趣和艺术品位。

一、塑造个性

将花艺的色彩、造型、摆设方式与家居空间及居住者的气质品位相融合，可以使空间或优雅，或简约，或混搭，风格变化多样，极具个性，激发人们对美好生活的追求（图7-2~图7-4）。

	图7-1
图7-2	图7-3	图7-4

图7-1 家居花艺

花艺可以使空间的表达更富有灵动性。好的花艺设计，可以称为空间的焦点，带来视觉冲击、情感认同和哲学思考，是设计精神的升华。如果软装是一篇文章，那么花艺就是点睛之笔。

图7-2 郁郁葱葱的蓝紫花艺

极具个性特色的木质桌台，浅蓝瓷器与窗帘呼应，郁郁葱葱的蓝紫花艺使得画面均衡柔和。

图7-3 彩色鲜花

彩色的鲜花里插入浅色系木棍，突出却不突兀，与整体环境融合。

图7-4 多彩郁金香

多彩郁金香、粉系风信子与素雅容器，浅色系空间相得益彰，起到了很好的点缀作用。

图7-5 窗台小绿植

舒适的懒人沙发倚在墙角，一堆书与窗台的小绿植，营造了一个闲适的午后。阳光下的绿植更加光彩照人。

图7-6 层叠的红色果实

餐厅本就应该活力十足，让人食欲大增。层叠的红色果实作为装饰，加上绿植在灯光下影影绰绰，氛围十足。

图7-7 分隔空间

墙角转拐处放一把沙发椅会显得突兀，旁边没有遮挡的物体也会让人没有安全感。一把小茶几，搭配一颗小绿植，太过清淡。落地的大绿植笼罩出丰富的空间，让人仿佛置身于自然世界一般。

图7-5	图7-6
图7-7	

二、增添生机

在快节奏的城市生活环境中，人们很难享受到大自然带来的宁静、清爽，而花卉的使用，能够让人们在室内空间环境中，贴近自然，放松身心，享受宁静，舒缓心理压力和消除紧张的工作所带来的疲惫感（图7-5、图7-6）。

三、分隔空间

在装饰过程中，利用花艺的摆设来规划室内空间，具有很大的灵活性和可控性，可提高空间利用率。花艺的分隔性特点还能体现出平淡、含蓄、单纯、空灵之美，花艺的线条、造型可增强空间的立体几何感（图7-7）。

第二节　花瓶花器的挑选

一、花器的种类

花器虽然没有鲜花的娇艳与美丽，但美丽的鲜花如果少了花器的陪衬必定逊色许多。在家居装饰中，花器的种类有很多，甚至会让人挑花了眼。从材质上来看，有玻璃、陶瓷、树脂、金属、草编等，而且各种材质的花器又拥有独特的造型，适合搭配不同的花卉（图7-8~图7-19）。

图7-8 玻璃花器

图7-9 陶瓷花器

图7-10 树脂花器

图7-11 铜制花器

图7-12 混凝土花器

图7-13 金属与玻璃结合花器

图7-14 彩色水泥花器

把不同色泽的矿物岩石搅拌成细碎的
颗粒混合在彩色水泥之中，可带来更
丰富的色彩感受，既现代又不失时髦
文艺风范，更富有变化和生命力。大
胆直接的几何形体结合粗犷的肌理
感，给人质朴的感受。

图7-15 手工陶艺花器

手工陶艺花器，做旧的工艺，带有复
古气息。搭配一致干枯的绣球，岁月
的沉淀感扑面而来。

图7-16 草编花篮

草编花篮具有田园气息，轻盈的质感
适合放在许多地方，相对安全。搭配
小石榴非常可爱。

图7-17 尤加利树叶片

尤加利树圆圆的叶片别具风味，种植
在普通的草编花篮中，仿佛置身林
间。搭配一些木质或是竹质的轻巧家
具，也能营造出越南风格。

图7-18 玫瑰花藤蔓

花艺也并不是只有花瓶才能表达出她
的美，玫瑰花藤蔓缠绕在铁门或是小
木桌上也非常不错，缠绕到哪里，哪
里就生机勃勃。

图7-19 铁艺花器

灵感来源于古典高脚杯，铁皮制造，
花纹装饰，带来古老的气息。无论是
搭配干花还是鲜花都能被她衬托得
更加光彩。

图7-8	图7-9	图7-10
图7-11	图7-12	图7-13
图7-14		图7-15
图7-16		
图7-17	图7-18	图7-19

图7-20 异形花瓶

只要是花瓶高度与花枝的高度适合，都可以用上柱形的花瓶。一整束的百合或是尤加利，稍稍修剪下根部，去掉下部杂叶，就可以直接放在花瓶里了。

图7-21 北欧花瓶

北欧花瓶，口径较大，可以容纳比较多的花草，适合插团状、发散状花材，不适合线条造型。

若是觉得广口会让枝条太散，也可以在花瓶中放一些好看的石头来稳固。

图7-22 窄口花瓶

如果平时不会经常买花，窄口花瓶最适合，简简单单的4~5支，或者荷兰木绣球，都可以放在这样的窄口花瓶里，干净利落。

图7-23 分色釉花瓶

手工上下分色上釉，高低搭配更有层次感。瓶身本身就很漂亮只要搭配一两只小花就能衬托出效果，不论是简约、现代、日式风的风格装饰风格都可以混搭。

图7-24 直筒花瓶

细高的直筒花瓶。瓶身釉下彩手绘，很适合现代中式和新古典的家居装饰。

图7-25 浮云瓶

浮云瓶，蓝色絮状艺术效果夹在晶体中，表面磨砂处理，仿佛让人置身于云端。

图7-26 小型花瓶

小型花瓶反倒更像是装饰，摆在那里就很好看，小小的放在桌上还不占空间。一根蕨类植物，一小支雏菊，都可以插在小型花瓶中，成为书桌上养颜的景色。

图7-27 布袋造型花器

布袋造型的陶瓷花器，非常新颖。打破了花器一直以来给人坚硬的感觉，布袋造型带给人柔和感，仿佛刚采摘的花卉一般。适合搭配带有果实的花卉和小绿植。

★ 补充要点

如何选择花器

挑选花器也要根据花卉搭配的原则。可从花枝的长短、花朵的大小、花的颜色几方面来考虑。花枝较短的适合与矮小的花器搭配，花枝较长的适合与细长或高大的花器搭配。花朵较小的适合与瓶口较小的花器搭配，瓶口较大的花器应选择花朵较大的花或一簇花朵集中的花束。玻璃花器适合与各种颜色的花搭配，陶瓷花器不适合与颜色较浅的花搭配。

二、花器的搭配方法

在花器的选择上，如果家里的装饰已经比较纷繁多样，可以选择造型、图案比较简单，哑光的花器，如原木色陶土盆、黑色或白色陶瓷盆等，而且也更能突出花艺，让花艺成为主角。如果想要装饰性比较强的花器，则要充分考虑整体的风格、色彩搭配等问题（图7-20～图7-31）。

1. 花器与花

图7-28 原木花器

原木手工制作而成的花器，材质特殊，自然朴实，但要注意防水，搭配木枝和干花很适合。

图7-29 海螺造型花器

独特的海螺造型，陶质材料。与多肉植物搭配非常和谐，特有的做旧工艺带来沧桑感。

图7-30 小口花瓶

一款简约的小口花瓶摆件，很适合电视柜，玄关柜上装饰，细口有招财镇宅之意。很适合简约现代、新中式禅意的风格装饰。造型简约成组搭配效果更好。

图7-31 透明玻璃杯

一只小小的透明玻璃杯，也能在应急时作为花器使用。餐桌上搭配两朵艳丽的非洲菊，让食物变得更加诱人。

图7-32 陶瓷花盆

家具饰品都表现出典型的新中式风格，此时搭配的花器一定要素雅，不可影响整体静谧的氛围。浅蓝色与褐色结合的陶瓷花盆，完美地融入了氛围中，中式插花也衬托得更加优美。

图7-33 窄口瓶

常常的窄口瓶如天鹅颈一般优雅，轻透的蓝色与窗帘相呼应，蓝白色系的整体装修风格，容不得一丝杂色，搭配一枝简单的蕨类植物很素净。

图7-34 紫色花瓶

撞色系软装设计，颜色搭配一定要小心，避免过于混乱。紫色花瓶与黄色系家具搭配完美，整体风格显得靓丽多姿。

图7-28	图7-29	图7-30
	图7-31	
图7-32	图7-33	图7-34

2. 花器与颜色

无论花器质感如何，大小形状如何，花器本身的颜色是最直观的。中性色的花器比如黑、白、灰、金、银等可以与任何颜色的花材搭配。想营造淡雅的氛围就不要选择鲜艳颜色的花器，但鲜艳颜色的花器可以产生膨胀的视觉效果。所以结合家居软装的颜色，推荐尝试邻近色搭配法，比如红色和橘色，同类色比如草绿和橄榄绿，互补色比如黄色和紫色，带给人完全不同的视觉表达（图7-32～图7-34）。

3. 花器与尺寸

如果摆放在有一定高度的桌子上。比如茶几、餐桌上，请选择高度为10～20cm的花器为好。因为从花器口开始往上算，鲜花的高度大致是花器的一半或是与花器高度相差不多。以18cm高的花器来计算，花艺作品完成后在36cm左右，这个高度是否会在我们坐在桌边的时候遮挡视线？如果答案是肯定的，则这个花器的高度与位置不匹配（图7-35～图7-39）。

图7-35 19cm左右花器

花器与花卉组成的总体高度大约在19cm左右，花卉的枝干较松散，可将其摆放在餐桌一旁。

图7-36 14cm左右花器

花器与花卉组成的总体高度大约在14cm左右，很适合放在餐桌，不会遮挡视线。

图7-37 散尾葵

大大的散尾葵搭配水泥花盆，其高度已接近层高三分之二，给人一种置身园林的感觉。

图7-38 滴水观音

巨大的滴水观音摆放在墙角，其翠绿的叶片给人生机勃勃的感觉，能够激发人的活力。

图7-39 蝴蝶兰

植株比较高的花卉类型有蝴蝶兰，其飘逸的造型给人浪漫的感觉，洁白的颜色非常百搭。

图7-40 透明窄口玻璃花瓶

深绿色的透明窄口玻璃花瓶，加一点清水，便仿佛孕育了一个小花园。可爱的日光菊在花瓶中生长，它的美丽延伸到了窗户的每个角落。

图7-35	图7-36	
图7-37	图7-38	图7-39
图7-40		

第三节　如何布置绿植与花艺

　　花艺能够改善人们的生活环境，但在具体应用时，要充分结合花艺的材质、设计以及环境的格调和功能，综合考虑选择花艺，才能更好地发挥出美化环境的效果。比起艺术插花，生活插花追求的是更多的自由和随意，主要是为了增添生活情趣。在卧室插一大束白色的满天星，细碎的花朵如繁星点点，带你远离烦恼，进入梦乡（图7-40）。

一、空间格局与花艺

花艺在不同的空间内会表现出不同的效果，例如，在玄关处选择悬挂式花艺作品，让人眼前一亮，另外插花作品应尽量选择简洁淡雅的（图7-41、图7-42）。

二、感官效果与花艺

花艺选择还需要充分考虑人的感官和需要，例如餐桌上的花卉不宜使用气味过分浓烈的鲜花或干花，气味很可能会影响用餐者的食欲。而卧室、书房等场所，适合选择淡雅的花材，能使居住者感觉心情舒畅，也有助于放松精神，缓解疲劳（图7-43、图7-44）。

三、空间风格与花艺

花艺一般可以分为东方风格与西方风格，东方风格更追求意境，喜好使用淡雅的颜色，而西方风格更喜欢强调色彩的装饰效果，如同油画一般，丰满华贵。花艺需要根据空间设计的风格进行选择，如果选择不当，则会与空间格格不入（图7-45、图7-46）。

图7-41 卧室花艺

卧室内的花艺主要以满足睡眠质量为中心，因此不可选择香味过于浓郁，或是色彩过于艳丽的花卉，一支龟背竹既满足了装饰性又能让人静下心来。

图7-42 卫浴间花艺

在卫浴间摆放花艺，能够给人舒适的感受，但因为此处接触水比较多，所以可以选择玻璃瓶等容器。

图7-43 薰衣草与柳条

薰衣草与柳条在餐桌上的混搭别有一番韵味，柳条婀娜多姿，为餐桌增添了吸引力。

图7-44 野芋

书房的花艺装饰，常常以绿植为主。绿植不会干扰人的工作氛围，还能净化空气。

图7-45 中式风格花艺

中式风格的花艺注重写意感，形式美。就如山水画般，若隐若现，深沉内涵的美。

图7-46 日式花艺风格

造型精致的花瓶搭配小朵花枝，具有日式花艺风格。日式花艺往往点到即止，令人意犹未尽。然而却给人多一分则腻，少一分则寡的感受。

图7-41	图7-42
图7-43	图7-44
图7-45	图7-46

四、花材与花艺

花艺材料可以分为：鲜花类、干花类、仿真花等。

1. 鲜花类

鲜花类是自然界有生命的植物材料，包括鲜花、切叶、新鲜水果。鲜花色彩亮丽，且植物本身的光合作用能够净化空气，花香味同样能给人愉快的感受，充满大自然最本质的气息，但是鲜花类保存时间短，而且成本较高（表7-1）。

表7-1　　　　　　　　　　　　常用室内花艺种类

★ 小贴士

花材的定义

主花材，指焦点的花材，名贵的，奇怪的，硕大的，比较抢眼的材料，在整个作品种起画龙点睛的作用。副花材，常用作造型的架构搭建和轮廓填充，对主花材起烘托和协调作用。补花材，能够有效地增加作品的律动感和节奏，同时填充作品的负空间。

2. 干花类

干花类是利用新鲜的植物，经过加工制作，做成的可长期存放，有独特风格的花艺装饰，干花一般保留了新鲜植物的香气，同时保持了植物原有的色泽和形态。与鲜花相比，能长期保存，但是缺少生命力，色泽感较差（表7-2）。

表7-2　　　　　　　　　　常用室内干花种类

松果	蔷薇	尤加利叶
莲蓬	兔尾草	莲花
黄金球	小雏菊	蒲苇

3. 仿真花

仿真花是使用布料、塑料、网纱等材料，模仿鲜花制作的人造花。仿真花能再现鲜花的美，价格实惠并且保存持久，但是并没有鲜花类与干花类的大自然香气。发挥不同材质花的优势，需要认真考虑空间条件，例如在盛大而隆重的庆典场合，必须使用鲜花，这样才能更好地烘托气氛，体现出庆典的品质；而在光线昏暗的空间，可以选择干花，因为干花不受采光的限制，而且又能展现出干花本身的自然美（图7-47、图7-48）。

图7-47｜图7-48

图7-47 仿真猫尾谷

仿真猫尾谷，大多装饰在咖啡馆、面包房内，能够提升家居气质。采用绢布染色工艺，非常逼真。建议选择仿真花时，以质量为准，否则太过虚假的花，放在室内反而弄巧成拙。

图7-48 仿真绿植绿叶

仿真绿植绿叶，非常百搭，生活忙碌，无法照顾新鲜绿植的人们可以考虑此类。

五、采光方式与花艺

不同采光方式会带给人不同的心理感受，要想使花艺更好地表达它自身的意境和内涵，就要使之恰到好处地与光影融合为一体，以产生相得益彰的效果。一般来讲，从上方直射下来的光线会使花艺显得比较呆板；侧光会使花艺显得紧凑浓密，并且会由于光照的角度不同而形成明暗不同的对比度；如果光线完全从花艺的下方照射，会使花艺呈现出一种飘浮感和神秘感（图7-49）。

第四节　案例解析——复古典雅风空间

客厅颜色整体较为素净，但采用了蓝色与黄色进行撞色，添加了客厅的活力（图7-50～图7-54）。

图7-49 异形吊灯与花卉

异形吊灯参差地悬挂在屋顶，三色系灯光洒落在餐桌的干花上，营造了温馨的氛围。

图7-50 客厅正面

简单时尚的造型，给现代简约客厅带给人一种清爽的感觉，就算是炎炎的夏日也不容易让人感觉到烦躁。深色带给人沉稳的感觉，又显得特别大气。白色无规则线条的家具让整个空间充满创意，高端档次的感觉立刻出现。

图7-49
图7-50

图7-51 客厅背面

在装饰上，现代简约的客厅一般采用木饰面、镜面、玻璃等来诠释空间的结构美与时尚特性。显得整个客厅整洁、利落。

黑白装饰画
韵味深厚。

黑色的大理石地面，
非常大气。

蓝色椅子搭配黑色小
茶几，惬意舒适。

白色钢板楼梯显
得轻巧简单。

楼梯下的柜子非常节约空间，
跳跃的蓝色甚是趣味。

图7-52 侧面楼梯

图7-53 餐厅

餐厅的白色桌椅,搭配不规则的北欧风格吊灯,让用餐都变得仪式感满满。

图7-54 餐桌

餐具带有复古风格,铁艺做旧烛台搭配青绿色的绣球,华贵中增添一丝靓丽。

图7-53 | 图7-54

本章小结:

软装花艺是指将剪切下的植物枝、叶、花、果作为素材,经过一定的技术和艺术加工,重新装置成一件精致完美、富有诗情画意,能再现大自然和生活美的花卉艺术。花艺设计不仅仅是单纯的各种花卉组合,而是一种传神,形色兼备,以情动人,融生活艺术为一体的艺术创作活动。

第八章

灯光灯具

识读难度： ★★☆☆☆

核心概念： 灯光、灯饰

章节导读： 灯是照明工具，在现代居家生活必不可少；灯也是一种空间的修饰语言，可以将家居演绎得更加风情万种；灯更是一份让人温暖的情感寄托。灯饰是软装设计中非常重要的一个部分，很多情况下，灯饰会成为一个空间的亮点，每个灯饰都应该被看作是一件艺术品，它所投射出的灯光可以使空间的格调获得大幅的提升。不同的灯配置与室内环境结合起来能够形成不同风格的室内情调，形成不同风格的环境气氛。灯具应该首先考虑功能性，方便好用；其次再考虑经济及艺术性。切忌单纯追求外形而忽略了灯具本身的功能。

第一节 灯光与灯饰的作用

一、灯光

灯光的应用对室内不同质感装饰材料的烘托和空间环境的整体装饰布局具有重要的作用。灯光根据装饰材料的色彩、透明度、光滑度、反光度、材质肌理等进行综合照明烘托，突出展现光和影之间的相互交融，往往能够使装饰材料的质感与层次更加丰富（图8-1、图8-2）。

二、灯饰

灯饰被亲切地称为家居的眼睛，家庭中如果没有灯具，就像人没有了眼睛。灯在家庭的位置至关重要，如今人们将照明的灯具叫作灯饰，它已不仅仅被用来照明，还可以用来装饰房间（图8-3、图8-4）。

第二节 灯饰造型与材质

一、吊灯

吊灯分单头吊灯和多头吊灯，前者多用于卧室、餐厅，后者宜用在客厅、酒店大堂等，也有些空间采用单头吊灯自由组合成吊灯组。主要有水晶吊灯、烛台吊灯、中式吊灯、时尚吊灯四种（图8-5～图8-8）。

图8-1 神秘的氛围

狭隘的走道，用吊灯装饰出神秘的氛围。清冷的色调，水泥墙面，低调又让人好奇。

图8-2 温馨的氛围

很多人的家里都会配置有暖色光灯，本就温馨的家庭洋溢着浓浓的幸福味道。

图8-3 中式风格吊灯

带有中式风格的吊灯，采用羊皮纸工艺，朦胧感在夜晚给人典雅的氛围。

图8-4 水晶吊灯

现在动辄十几万的一盏灯并不少见，纯水晶、镀金等各种昂贵材质的运用，让灯饰成了奢侈品。

图8-1	图8-2
图8-3	图8-4

图8-5 水晶吊灯

水晶吊灯是吊灯中应用最广泛的，在风格上包括欧式水晶吊灯、现代水晶吊灯两种类型。

图8-6 烛台吊灯

烛台吊灯的灵感来自欧洲古典的烛台照明方式，那时常在悬挂的铁艺上放置数根蜡烛。

图8-7 中式吊灯

中式吊灯一般适用于中式风格与新中式风格的空间。中式吊灯给人一种沉稳、舒适之感，能让人从浮躁的情绪回归到安宁。

图8-8 时尚吊灯

时尚吊顶造型新颖别致，拥有良好的视觉感与整体塑造感，营造良好的装饰效果。

图8-9 吸顶灯

吸顶灯常用的有方罩吸顶灯、圆球吸顶灯、尖扁圆吸顶灯、半圆球吸顶灯、并扁球吸顶灯、小长方罩吸顶灯等种类。

图8-10 壁灯

选择壁灯主要看结构与造型，一般机械成型的较便宜，手工制作的较贵。

图8-11 镜前灯

常见的镜前灯有梳妆镜子灯和卫浴间镜子灯，镜前灯还可以安装在镜子的左右两侧，也有和镜子合为一体的灯型。

 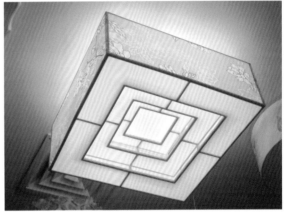

图8-5	图8-6	图8-7
图8-8	图8-9	
图8-10	图8-11	

二、吸顶灯

吸顶灯安装时完全紧贴在室内天花板上，适合作整体照明用。与吊灯不同的是，它们在使用空间上有区别，吊灯多用于较高的空间中，吸顶灯则用于较低的空间中（图8-9）。

三、壁灯

壁灯是安装在室内墙壁上的辅助照明灯饰，常用的有双头玉兰壁灯、玉柱壁灯等（图8-10）。

四、镜前灯

镜前灯一般是指固定在镜子上或镜子上的照明灯，作用是增强亮度，使照镜子的人更容易看清自己，往往搭配镜子一起出现（图8-11）。

五、朝天灯

朝天灯通常是可以移动和可携带的，灯饰的光线束是向上方投射的，通过投射到天花板，

图8-12 朝天灯

在软装设计中，卧室墙面和电视背景墙等几处地方使用频率比较高，起到氛围渲染的作用。

图8-13 筒灯

图8-14 射灯

图8-15 落地灯

通常，落地灯不宜放在高大家具旁或妨碍活动区域。落地灯一般由灯罩、支架、底座三部分组成。

图8-16 台灯

在选择台灯时，应以整个设计风格为主。如简约风格的房间应倾向于现代材质的款式。

图8-12	图8-13
	图8-14
图8-15	图8-16

再反射下来，这样能够形成非常有气质的光照背景，用朝天灯展现出来的光照背景效果要比天花板上的吊灯展现的要更柔和（图8-12）。

六、筒灯、射灯

筒灯是一种相对于普通灯饰更具聚光性的灯饰，一般用于普通照明或辅助照明，使用在过道、卧室周围及客厅周圈（图8-13）。射灯是一种高度聚光的灯饰，它的光线照射是指定特定目标的，主要用于特殊的照明，如强调某个有品位或是有新意的地方（图8-14）。

七、落地灯

落地灯一般与沙发、茶几搭配，一方面满足该区域的照明需求，另一方面形成特定的环境氛围（图8-15）。

八、台灯

台灯根据材质分类有金属台灯、树脂台灯、玻璃台灯等；根据使用功能分类有阅读台灯和装饰台灯等（图8-16）。

第三节　灯饰搭配

一、明确灯饰的装饰作用

灯饰选型时，首先要先确定这个灯饰在空间里扮演什么样的角色，接着就要考虑这灯具风格，规格，灯光颜色等问题等影响空间的整体氛围（图8-17、图8-18）。

二、考虑灯饰的风格统一

在较大的空间里，如果需要搭配多种灯饰，应考虑风格统一。例如，客厅很大，需要将灯饰在风格上进行统一，避免各类灯饰之间在造型上互相冲突，即使想要做一些对比和变化，也要通过色彩或材质中的某一个因素将两种灯饰联系起来（图8-19~图8-21）。

三、判断一个房间的灯饰是否足够

各类灯饰在一个空间里要互相配合，有些提供主要照明，有些营造气氛。另外在房间的功能上，以客厅为例，如人坐在沙发上看书，要有照明台灯，客厅中的饰品需要照亮以便欣赏，这都是判断空间灯饰是否足够的因素（图8-22、图8-23）。

图8-17	图8-18	
图8-19	图8-20	图8-21
图8-22	图8-23	

图8-17 精美的吊灯

精美的吊灯，往往是客厅的首选。端庄大气的风格，会给人留下最初的印象。

图8-18 纸雕台灯

这款台灯以装饰为主，照明为辅。未开灯时，能看到堆叠出层层纸雕的精湛手艺。

图8-19 捕梦网灯具

捕梦网与灯具的结合，再次完善了少女心中的公主梦。放置在卧室中非常梦幻。

图8-20 镂空灯具

镂空灯具能带给人很大的惊喜感，从缝隙中透出来的绰约的花纹与图案，令人眼前一亮。

图8-21 藤编灯具

藤编灯具给人很大的亲切感，蜿蜒下落的造型非常优美，放置一角极具艺术感。

图8-22 娱乐空间灯饰

在娱乐空间里，其灯饰往往非常具有创意，无论是颜色还是造型的选择都非常大胆，目的在于装饰，而照明则使用隐晦的射灯来完成。

图8-23 巨大的吊灯

巨大的吊灯虽然设计比较复杂，但其基本的照明功能并不差，满足客厅的照明绰绰有余。

图8-24 利用灯饰突出饰品

在传统手法里，可以将饰品和台灯一起陈列在桌面上，也可以将挂画和壁灯一起排列在墙面上。

图8-25 橙色与绿色的结合

服装店设计较为简洁，橙色与绿色的结合使得整个服装店充满了活力，而这两种颜色也能很好的激发消费者的购买欲望。沙发的设计也彰显了日本家具的简洁风格。

图8-26 服装区

服装区的服装少而精致，看似毫无规则，实则与店面设计完美地融合在一起。金色的墙面设计，暖色灯光与之辉映，使得服装具有高级质感。

图8-24

图8-25　图8-26

四、利用灯饰突出饰品

如果是想突出饰品本身而使其不受灯饰的干扰，内嵌筒灯是最佳的选择，这也体现了现代简约风格的手法（图8-24）。

★ **小贴士**

利用光源配置制造自然景色

海洋景色：蓝色墙面，配以蓝色灯具、浅蓝灯光、浅色家具，这样的环境有开朗心境、舒适心情的效力；森林景色：以绿色墙壁配以绿色灯具及灯光，放置粟色或橄榄色家具，给人以宁静、凉爽感，使人精神放松；大地景色：家具、灯具、灯光均呈土黄色，给人以稳重、广阔感，对小面积房间有利；阳光景色：浅黄墙面，橙色灯具灯光，浅色家具，给人温暖的感觉。

第四节　案例解析——精致艺术感空间

案例一：服装店照明设计

日本的一家服装店，店面设计独具特色，像一个待拆开的礼物盒，引诱着人们的购物欲望，想进去一窥究竟。商业空间中的软装设计就是为消费者在视觉、理智和情感的各种欲望里营造满足感（图8-25、图8-26）。

案例二：新中式风格照明设计

空间整体散发出优雅清爽的气息，能感受到房主的儒雅气质，蓝色与绿色运用得当（图8-27、图8-28）。

褐色梅花图案窗帘。

麋鹿樱花主题装饰画。

米色布艺沙发搭配素色抱枕。

茶几花卉造型独特。

图8-27 蓝色与绿色

陶瓷底座的台灯，散发出古朴典雅的气息。

椅子搭配抱枕非常精致，墨绿绒布面料与立体刺绣结合，优雅迷人。

图8-28 儒雅气息

本章小结：

灯饰，在家居生活中，有着重要的作用，小到一个可以营造烛光晚餐的氛围，大到流光溢彩的霓虹世界。灯饰的搭配离不开色彩这一要素，灯光色彩与环境总基调一致，居室的整体环境也相对和谐。

参考文献

[1] [美] 格思里. 室内设计师便携手册. 北京：中国建筑工业出版社，2008.

[2] [美] 派尔. 世界室内设计史. 北京：中国建筑工业出版社，2007.

[3] 许秀平. 室内软装设计项目教程：居住与公共空间风格. 北京：人民邮电出版社，2016.

[4] 吴卫光，乔国玲. 室内软装设计. 上海：上海人民美术出版社，2017.

[5] 招霞. 软装设计配色手册. 南京：江苏科学技术出版社，2015.

[6] 叶斌. 新家居装修与软装设计. 福州：福建科技出版社，2017.

[7] 曹祥哲. 室内陈设设计. 北京：人民邮电出版社，2015.

[8] 文健. 室内色彩、家具与陈设设计（第2版）. 北京：北京交通大学出版社，2010.

[9] 常大伟. 陈设设计. 北京：中国青年出版社，2011.

[10] 简名敏. 软装设计师手册. 南京：江苏人民出版社，2011.

[11] 霍维国. 中国室内设计史. 北京：中国建筑工业出版社，2007.

[12] 李建. 概念与空间—现代室内设计范例解析. 北京：中国建筑工业出版社，2004.

[13] 郑曙旸. 室内设计程序. 北京：中国建筑工业出版社，2011.

[14] 潘吾华. 室内陈设艺术设计. 北京：中国建筑工业出版社，2013.

[15] 庄荣，等. 家具与陈设. 北京：中国建筑工业出版社，2004.

[16] 严建中. 软装设计教程. 南京：江苏人民出版社，2013.